全国本科院校机械类创新型应用人才培养规划教材

机械设计基础实验及机构创新设计

主　编　邹　旻

参　编　陈　玲　潘国俊

陈爱莲　孟庆梅

U0343093

北京大学出版社

PEKING UNIVERSITY PRESS

内 容 简 介

　　本书分为基础性实验、综合性实验、设计性实验、大学生机械创新设计作品介绍和附录五个部分，内容涉及机械原理、机械设计、理论力学、材料力学、机械制造基础等，由浅入深，引导学生在实践中学习和运用知识，并进一步发展和创造知识。

　　本书可作为高等学校机械类各专业的实验教学用书，也可作为近机械类和非机械专业类学生的机械设计基础课程的配套实验教学用书，其中的设计性实验内容也可作为开展大学生机械创新设计竞赛活动的参考资料。

图书在版编目(CIP)数据

机械设计基础实验及机构创新设计/邹旻主编. —北京：北京大学出版社，2012.6
（全国本科院校机械类创新型应用人才培养规划教材）
ISBN 978-7-301-20653-9

Ⅰ. ①机… Ⅱ. ①邹… Ⅲ. ①机械设计—实验—高等学校—教材 Ⅳ. ①TH122-33

中国版本图书馆 CIP 数据核字(2012)第 096006 号

书　　　　名：	机械设计基础实验及机构创新设计	
著作责任者：	邹　旻　主编	
策 划 编 辑：	童君鑫	
责 任 编 辑：	宋亚玲	
标 准 书 号：	ISBN 978-7-301-20653-9/TH·0291	
出　版　者：	北京大学出版社	
地　　　址：	北京市海淀区成府路 205 号　100871	
网　　　址：	http://www.pup.cn　http://www.pup6.cn	
电　　　话：	邮购部 62752015　发行部 62750672　编辑部 62750667　出版部 62754962	
电 子 邮 箱：	pup_6@163.com	
印　刷　者：	北京鑫海金澳胶印有限公司	
发　行　者：	北京大学出版社	
经　销　者：	新华书店	
	787 毫米×1092 毫米　16 开本　13.5 印张　309 千字	
	2012 年 6 月第 1 版　　2012 年 6 月第 1 次印刷	
定　　　价：	28.00 元	

前　　言

实验是人类认识世界的一个重要途径，经过多年的教学改革和反思，我们的教育理念已逐步从看重知识型教育、智能型教育转向同样看重素质教育、创新教育；也更加注重对学生的动手能力、分析问题和解决问题能力的培养。本书根据机械基础课程相关实验教学的基本要求编写，涵盖了"机械原理"、"机械设计"、"机械设计基础"等课程相关的实验。全书以实验项目划分，分为基础性实验、综合性实验、设计性实验三大类，旨在使学生可以通过实验体会到如何在实践中学习和运用知识，如何在实践中发展和创造知识。

机械设计基础实验是机械设计基础课程的重要实践环节，本书可作为高等学校机械类各专业的实验教学用书，也可作为近机械类和非机械专业学生的机械设计基础课程的配套实验教学用书，其中的设计性实验内容也可作为开展大学生机械创新设计竞赛活动的参考资料。

本书共分五部分，主要内容如下。

第一部分为基础性实验，介绍了 6 个认知型或验证型实验，包括：机构运动简图测绘实验、齿轮范成原理实验、回转体动平衡实验、齿轮传动效率测试实验、带传动实验和液体动压滑动轴承实验。其教学目标是使学生掌握绘制实际机构运动简图的技能和对简单机械参数进行测试的手段，加深对基本理论的理解和验证。

第二部分为综合性实验，介绍了 3 个综合性实验，包括：渐开线直齿圆柱齿轮参数测量实验、机械运动参数测定实验和螺栓组及单螺栓连接综合实验。其教学目标是培养学生全面考虑问题、综合运用知识和对实验结果进行分析的能力。

第三部分为设计性实验，介绍了 4 个设计性实验，包括：机械传动性能综合测试实验、轴系分析与结构创意设计实验、减速器装拆实验和基于机构组成原理的拼接设计实验。其教学目标是提高学生独立思考、分析和解决问题的能力。

第四部分为大学生机械创新设计作品，首先分别简要介绍了全国大学生机械创新大赛、"挑战杯"科技竞赛及全国大学生工程训练综合能力竞赛，然后列举了 6 个获奖作品。

第五部分为附录，包括 5 个部分，分别介绍了机构运动简图表示符号，"螺栓组及单螺栓连接综合实验"的自动测试方法和步骤，渐开线函数表，应用 MATLAB 软件分析曲柄滑块、曲柄导杆机构运动参数的程序代码和运动副拼接方法，以方便或拓展学生的学习和操作。

本书由邹旻教授主编，陈玲、潘国俊高级工程师、陈爱莲、孟庆梅参编。书中相关的MATLAB 软件程序和运行结果由江苏科技大学李滨城教授提供；齿轮范成原理和螺栓实验的设备照片、资料由杭州星辰科教设备有限公司提供，机构模型、传动性能测试、轴系设计和机构拼接方面的图片和资料由湖南长庆机电科教有限公司提供，大学生创新设计作品中"机械蟹和破障钳"分别由哈尔滨工程大学的王立权、刁彦飞、陈东良教授和襄樊职业技术学院的张晓红、张国豪教授指导，资料来源于互联网（网址标注在书中相关位置）；其他作品资料分别由南京师范大学的李超、陈玲教授，常州大学的沈惠平、邹旻、葛乐通教授提供（相关学生姓名在书中相关位置注明），在此对他们表示诚挚的谢意！

由于编者水平有限，且编写时间仓促，书中难免有疏漏和不妥之处，恳请广大读者提出宝贵意见，亦盼同行专家批评指正。

编 者

2012 年 1 月

目　　录

第 1 章
机构运动简图测绘实验

实验要求和目的

➢ 掌握运动副和构件的表示方法；
➢ 了解平面机构的组成原理和运动特点；
➢ 掌握绘制机构简图的方法和步骤；
➢ 掌握机构自由度计算和机构具有确定运动的条件。

机构的运动与其所包含构件的数目、运动副的数目、类型及运动副之间的相对位置有关，与各构件的实际形状无关。在设计、分析和研究机构时，为了便于表达和交流，通常用机构运动简图或机构运动示意图表达机构中各构件之间的相对运动关系。绘制机构运动简图时，不需要考虑构件的外形、运动副的具体构造，只需用简单的线条和规定的符号来代表构件和运动副，如图 1.1～1.5 所示。

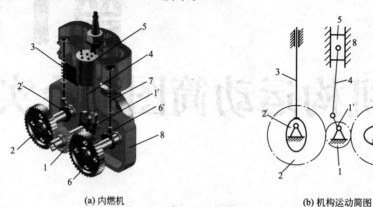

(a) 内燃机　　　　　　　　　　　　　　　　(b) 机构运动简图

图 1.1　内燃机机构

1—小齿轮；2—左齿轮；2′—左凸轮(与左齿轮同轴)；3—左推杆；4—连杆；

5—活塞；6—右齿轮；6′—右凸轮(与右齿轮同轴)；7—右推杆；8—机架

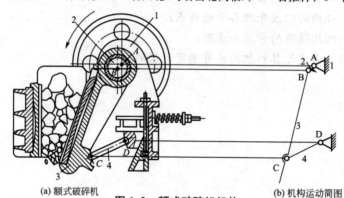

(a) 额式破碎机　　　　　　　　　　　　　　(b) 机构运动简图

图 1.2　额式破碎机机构

1—机架；2—偏心轮；3—动额板；4—摇杆

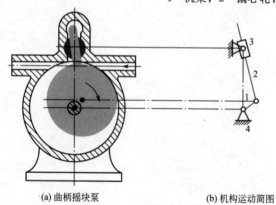

(a) 曲柄摇块泵　　　　(b) 机构运动简图

图 1.3　曲柄摇块泵机构

1—曲柄；2—连杆；3—摇块；4—机架

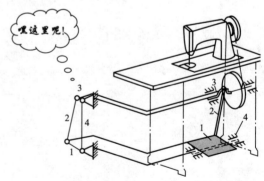

(a) 机构运动简图　　　　(b) 脚踏缝纫机

图 1.4　脚踏缝纫机机构

1—脚踏板；2—连杆；3—大带轮；4—机架

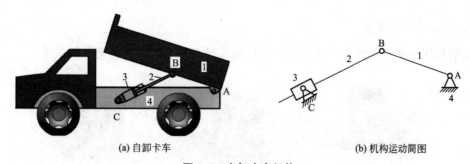

(a) 自卸卡车   (b) 机构运动简图

图 1.5   自卸卡车机构
1—车厢；2—活塞；3—油缸；4—车体

常用运动副的表示方法见表 1-1，构件及常用机构的表示方法见附录Ⅰ附表Ⅰ.1 和附表Ⅰ.2。

表 1-1   常用运动副符号

		两运动构件所形成的运动副	两构件之一为机架时所形成的运动副
低副	转动副		
	移动副		
高副	凸轮副		
	齿轮副		

1.1   实验内容和机构模型

1. 实验内容

观察选定模型机构的运动，并进行机构运动简图（或机构运动示意图）测绘。

2. 实验用机构模型

机器和机构模型如图 1.6 所示，实验所需工具为尺、圆规、铅笔、稿纸等。

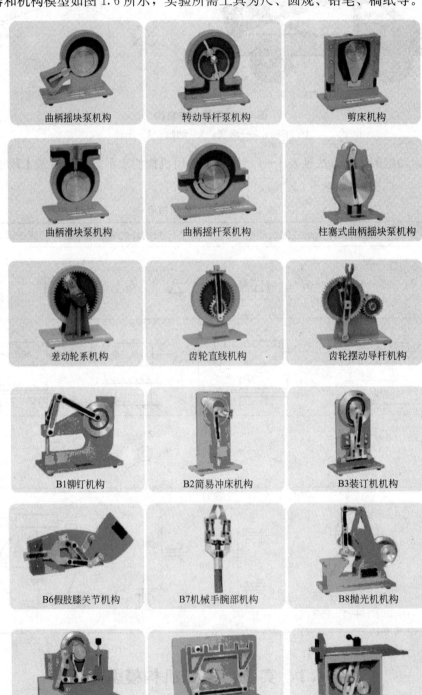

图 1.6　实验用机构模型示例

1.2　实验方法和步骤

实验方法和步骤如下。

(1) 选择5种或更多种机构模型。

(2) 缓慢地转动模型把手，观察机构的运动情况，确认出机架，原动件和从动件。

(3) 观察构件间的连接方式及相对运动形式，确定构件数目、运动副数目及类型。

(4) 合理选择投影面(选择能够表达机构中多数构件运动的平面)。

(5) 绘制机构运动示意图：

首先将原动件固定在适当的位置(避开构件之间重合)，大致定出各运动副之间的相对位置，用规定的符号画出运动副，并用线条连接起来，然后用数字1，2，3，…及字母A，B，C，…分别标注相应的构件和运动副，并用箭头表示原动件的运动方向和运动形式，如图1.7所示。

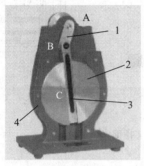 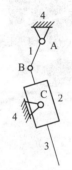

(a) 机构模型　　　　　　　(b) 机构运动简图

图1.7　柱塞式曲柄摇块泵

1—曲柄；2—摇块；3—柱塞；4—机架

提示

◇　对于含有2个转动副的构件，不管其实际形状如何，都可用一连接两转动副中心的直线来表示。

(6) 测量运动副间相互位置尺寸，将机构运动示意图按比例完善成机构运动简图。

(7) 计算自由度，并与实际机构对照，观察原动件数目与自由度是否相等。

(8) 对机构进行结构分析，并判断机构的级别。

1.3　机构的发展

早在5000多年前，我们的祖先就已经开始使用机械，晋朝时在连机椎和水碓中应用了凸轮原理；西汉时应用轮系传动原理制成了指南车和记里鼓车；东汉张衡发明的候风地动仪是世界上第一台地震仪。目前许多机械中仍在采用的青铜轴瓦和金属人字圆柱齿轮，在我国东汉年代的文物中都可以找到它们的原始形态，如图 1.8～1.10 所示的指南车、记里鼓车和风动地震仪就是当时先进机械的代表。

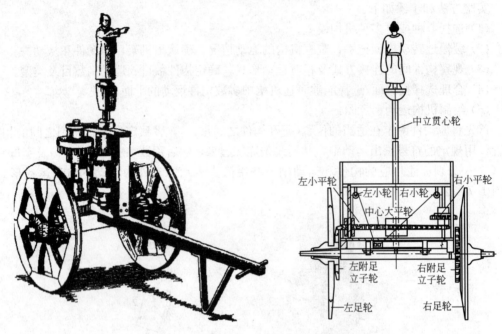

图 1.8　指南车

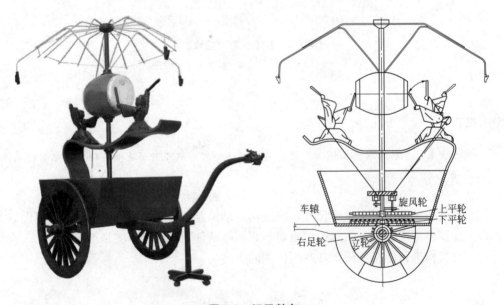

图 1.9　记里鼓车

　　我们可以这样描述机构，首先它是人为的实物组合，其次可实现预期的机械运动，因此可以用来传递运动和力。

6

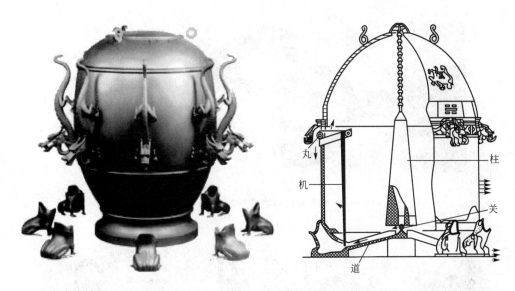

图 1.10　风动地震仪

　　18 世纪 60 年代，以蒸汽机的改良为代表拉开了第一次工业革命的序幕，从那时起，人们开始设计制造各种各样的机械，如纺织机、火车、汽轮船。19 世纪 70 年代到 20 世纪初的第二次工业革命，随着内燃机的创制和使用，促进了汽车、飞机等运输工具的出现和发展。1898 年问世了"雷诺"牌汽车，1927 年美国人林德伯格驾驶"圣路易斯精神"号飞机完成了人类首次不着陆飞越大西洋的壮举。

　　20 世纪中后期，随着科学的进步和加工技术的提高，现代的机械产品已经成为以机电一体化技术为代表的高新技术产品。无论是在国防、军事、工业农业生产，还是人民生活领域，都涌现出大量的应用实例，如图 1.11～1.15 所示。目前，美国、日本已经研制出可穿戴的机器人服装，它能大大拓宽人的体力范围，能够帮助部队提高战斗力和忍耐力，如图 1.16 所示。智能机械、微型机构、仿生机械的蓬勃发展，也促进了材料、信息、计算机技术、自动化等领域的交叉与融合，同时，也进一步丰富和发展了机械基础学科知识。

图 1.11　宇宙飞行器

图 1.12　装载机

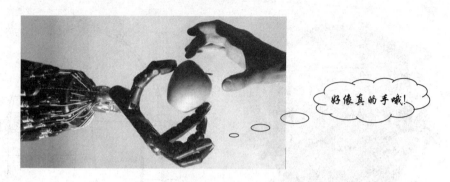

图 1.13 机械手与人手

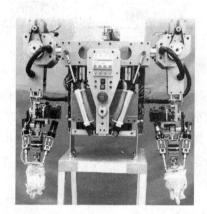

图 1.14 机器双臂(带手)

图 1.15 曲柄连杆机构

图 1.16　可外穿的机器人服

思 考 题

1. 一个正确的机构运动简图能说明哪些内容?
2. 绘制机构运动简图时,原动件的位置是否可以任意确定?会不会影响简图的正确性?
3. 机构自由度的计算,对测绘机构运动简图有何帮助?
4. 自由度大于或小于原动件数目会产生什么样的后果?
5. 如图 1.17、1.18 所示,大致描述缝纫机头中完成缝纫运动的各部分的运动协调关系。

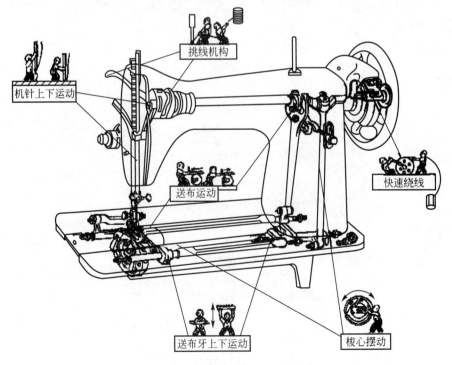

图 1.17　家用缝纫机头结构示意图

機械設計基礎實驗及機構創新設計

如图1.18所示，缝纫的线迹形成过程主要由机针、摆梭、挑线杆、送布牙四个主要构件作有规则的运动来实现的，或者说缝纫运动是由引线机构、钩线机构、挑线机构、送布机构相互协调运动实现的。快速绕线可以看成一个独立的运动，不需要与其他运动配合。

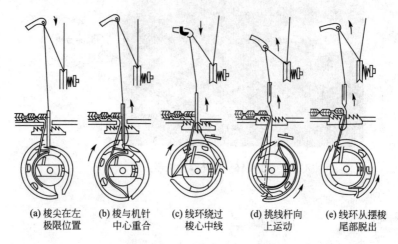

(a) 梭尖在左极限位置　(b) 梭与机针中心重合　(c) 线环绕过梭心中线　(d) 挑线杆向上运动　(e) 线环从摆梭尾部脱出

图1.18　线迹形成过程示意图

10

实 验 报 告

"机构运动简图测绘实验"实验报告

姓名_____学号_____班级_____实验日期_____指导教师_____

一、机构运动简图绘制及自由度的计算

1. 机构名称： （缝纫机主机构，可参考图1.17） 实测各构件长度为： 长度比例尺 μ_L =	（绘机构运动简图） 机构的自由度 F =
2. 机构名称： 实测各构件长度为： （绘机构示意图） 机构的自由度 F =	3. 机构名称： （绘机构示意图） 机构的自由度 F =
4. 机构名称： （绘机构示意图） 机构的自由度 F =	5. 机构名称： （绘机构示意图） 机构的自由度 F =

机械设计基础实验及机构创新设计

二、思考题讨论

第2章
齿轮范成原理实验

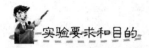

实验要求和目的

- ➤ 了解用范成法切制渐开线轮齿的基本原理；
- ➤ 了解渐开线齿轮产生根切现象的原因和避免根切的方法；
- ➤ 了解加工变位齿轮的方法，清楚标准齿轮和变位齿轮轮齿的异同。

范成法切制渐开线齿面利用的是互为包络原理，即一对齿轮（或齿轮齿条）相互啮合时，其共轭齿面互为包络面，把相互啮合的齿轮（或齿条）之一做成刀具便可以切制与它共轭的齿轮齿面。

以齿条插刀为例，如图 2.1 所示，切制标准齿轮时，刀具的分度线应与被切齿轮的分度圆相切，如果被切齿轮的齿数太少，即 $z < z_{min}$（标准齿轮正常齿制 $z_{min} = 17$，短齿制 $z_{min} = 14$），刀具的齿顶线就会超出啮合极限点 N_1，加工中齿条刀会将被切齿根部已经加工出的渐开线再多切去一部分（即发生为根切现象）。为了避免根切，可采用变位的方法使齿条刀齿顶线正好通过或离开啮合极限点 N_1，即将刀具自轮坯中心向外移出一段距离 xm。这种通过改变刀具相对位置的方法所切制出的齿轮称为变位齿轮，变位后与被切齿轮分度圆相切并作纯滚动的已经不是刀具的中线，而是与之平行的另一条直线。刀具移离轮坯，称为正变位，所切制出的齿轮称为正变位齿轮，反之，刀具移近轮坯，称为负变位，所切制出的齿轮称为负变位齿轮。

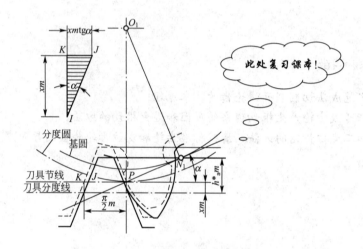

图 2.1 用齿条形刀具切制渐开线齿轮

2.1 实验内容与仪器

1. 实验内容

（1）用齿轮范成仪加工（绘制出）$z = 10$ 的标准齿轮的 1～3 个完整的齿，并观察齿廓的形成过程，及否发生根切现象。

（2）用齿轮范成仪加工（绘制出）$z = 10$，$x = 0.5$ 的正变位齿轮的 1～3 个完整的齿，并与上述标准齿轮的齿形比较，观察根切现象是否消失。

（3）用齿轮范成仪加工（绘制出）$z = 10$，$x = -0.5$ 的负变位齿轮的 1～3 个完整的齿，并与上述标准齿轮和正变位齿轮的齿形比较，观察根切现象有何变化。

2. 实验仪器

（1）齿轮范成仪，齿条刀具 $m = 20mm$，$\alpha = 20°$，$h_a^* = 1$，$c^* = 0.25$。

(2) 纸质齿轮毛坯 1 张。

(3) 圆规、三角板、铅笔等(学生自带)。

2.2 实验原理、方法和步骤

1. 实验原理和方法

范成仪的构造如图 2.2 所示,齿轮 2 位于圆盘 3 背面,并与其固连,圆盘 3 用来安装纸质轮坯,齿条刀 8(有机玻璃制造)固连在齿条 6 上,用来加工纸质轮坯。当齿条 6 在底座 1 槽中的移动时,齿条刀 8 随之一起移动,同时,齿条 6 驱动齿轮 2 转动,并带动圆盘 3 一起转动,从而实现纸质轮坯(安装在圆盘 3 上)和齿条刀 8 之间的范成运动。

齿轮2藏在圆盘3背面哦!

图 2.2 范成仪结构

1—底座;2—齿轮;3—圆盘(与齿轮 2 固连,用于安装轮坯);

4—轮坯压板;5—压紧螺母;6—齿条;7—调整螺母;8—齿条刀(与齿条 6 一体)

为了展现刀刃在各位置形成包络线的过程,实验者可用铅笔将刀具刀刃的各个位置记录在纸质齿轮毛坯纸上。

2. 实验步骤

(1) 旋下压紧螺母 5,取下轮坯压板 4,将圆形纸质轮坯安装在圆盘 3 上,并依次用轮坯压板 4 和压紧螺母 5 压紧固定。

(2) 根据给定参数计算出被切轮坯的分度圆直径。

(3) 在纸质轮坯上画出轮坯分度圆。

(4) 分别计算 $x=0$,$x=\pm0.5$ 时轮坯的齿顶圆直径和变位量 xm。

(5) 切制渐开线齿廓。

① 切制标准齿轮齿廓。

a. 在轮坯纸圆周上约 120° 的范围内画出被切轮坯(标准齿轮)的齿顶圆;

b. 调整齿条刀 6 的位置,使齿条刀分度线与轮坯分度圆相切;

c. 将齿条刀移动到左侧极限位置,然后再慢慢向右推动齿条刀,当右侧第一个刀齿与轮坯齿顶圆接触,意味着切削过程开始,每移动一次(移动距离为 0.5mm 左右),用铅笔在纸轮坯上描出一条齿条刀的轮廓,直到最后一个刀齿与轮坯齿顶圆脱离接触切削过程结束,如图 2.3 所示;

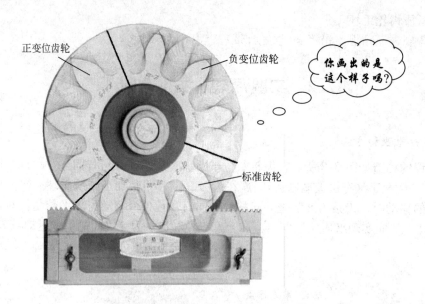

图 2.3　用齿条形刀具切制渐开线齿轮

d. 观察齿廓是否存在根切现象。

② 切制正变位齿轮齿廓。

a. 将轮坯纸转过 120°左右，在相应的三分之一圆周上画出被切轮坯（正变位齿轮）的齿顶圆；

b. 将刀具 6 向外移动（远离轮坯），移动距离为 $|xm|$；

c. 重复上述切制标准齿轮齿廓的步骤 c.，如图 2.3 所示；

d. 观察齿廓形状的变化及是否存在根切现象。

③ 切制负变位齿轮齿廓。

a. 将轮坯纸再转过 120°左右，在对应的三分之一圆周上画出被切轮坯（负变位齿轮）的齿顶圆；

b. 将刀具 6 向内移动（靠近轮坯），移动距离为 $|xm|$；

c. 重复上述切制标准齿轮齿廓的步骤 c.；

d. 观察齿廓形状的变化，如图 2.3 所示。

2.3　齿轮加工技术的发展

公元前 400—公元前 200 年，中国古代就开始使用齿轮，在我国山西出土的青铜齿轮是迄今发现的最古老齿轮，作为反应古代科学技术成就的指南车就是以齿轮机构为核心的机械装置。但从 17 世纪末，人们才开始研究能正确传递运动的齿轮形状。18 世纪，欧洲工业革命以后，齿轮传动应用日益广泛，先是发展摆线齿轮，而后是渐开线齿轮。

1694 年，法国学者 Philippe De La Hire，首先提出渐开线可作为齿轮曲线。1733 年，法国人 Camus M. 提出轮齿接触点的公法线必须通过中心连线上的节点，明确建立了关于接触点轨迹的概念。1765 年，瑞士的 Euler L. 提出渐开线解析研究的数学基础，后来，Savary 进一步完成这一方法，成为现在的 Euler - Savery 方程。1873 年，德国工程师 Hoppe 提出压力角改变时的渐开线齿形，奠定了现代变位齿轮的思想基础。至 19 世纪末，展成切齿法的原理及利用此原理切齿的专用机床与刀具相继出现，切齿时只要将切齿刀具从正常的啮合位置稍作移动，就能用标准刀具在机床上切出相应的变位齿轮，1908 年，瑞士 MAAG 公司研究并制造出展成法加工插齿机。

为了提高动力传动齿轮的使用寿命并减小其尺寸，英国人 Humphris 在 1907 年最早发表了圆弧形的设想。1926 年，瑞士人 Wildhaber 取得了法面圆弧齿形齿轮的专利权。1955 年，原苏联工程师 Novikov 在完成实用性研究后进入工业应用。1970 年，英国 Rolls - Royee 公司工程师 Studer 取得了双圆弧齿轮的美国专利。与此同时，我国与苏联以及日本等国对双圆弧齿轮，进行了一系列开发研究并获得了普遍的应用效果。

我国齿轮传动发展是从渐开线齿廓起步的，从 20 世纪 50 年代初起，渐开线齿轮得到广泛采用。1958 年以后，开始引入与应用单圆弧齿轮，在软齿面条件下其齿面接触强度与渐开线齿轮相比有显著提高。1970 年以后，由单圆弧齿轮发展为双圆弧齿轮，即由单凸圆弧或单凹圆弧组成齿廓改变为由凸凹圆弧上下分段组成的单一齿廓形式，它简化了切齿工艺，大大提高了轮齿的弯曲强度，这对于同样参数与尺寸的软齿面圆柱齿轮，圆弧齿轮的工作寿命高于渐开线齿轮，特别是应用在一些重负荷、大功率的齿轮传动中，取得了良好的效果，如图 2.4～2.6 所示。

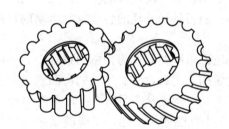

图 2.4　单圆弧齿轮

图 2.5　双圆弧齿轮　　　　　图 2.6　圆弧齿人字齿轮

图 2.7　行星传动（5 个行星轮）

行星传动采用数个行星轮或一个行星轮的多个轮齿同时传递负荷，并利用了相啮合的组合形式，因而具有体积小、重量轻、速比范围大、传动效率高、噪声小等优点，渐开线齿轮行星传动一般用于大、中功率的增、减速传动，如图 2.7 所示。

少齿差式的行星传动主要使用在中、小功率的大减速比传动，所谓少齿差即是在内齿轮啮合副中，其内齿轮与外齿轮的齿数差很少。渐开线少齿差中的外齿轮一般是不磨齿的，因而加工简便，成本低。摆线少齿差中得外齿轮（摆线轮）是齿面渗碳淬火磨齿的，传动效率较高，但需专用加工设备，因为是成批生产的，成本不会太高，应用面越来越广，它是目前我国齿轮减速器中年产量最大的一种。谐波齿轮少齿差行星传动是依靠柔性材料制成的外齿轮所产生的可控弹性变形来传递运动，常用于传动功率不大、运动精度高、回差小、结构更为紧凑的大速比传动装置，特别适合于仿生、机械、医疗机械、电子设备及航空航天装置上要求高动态性能的伺服系统中使用。

齿轮技术的发展与齿轮加工机床的发展是密切相关的，齿轮传动质量的提高及齿形改进都是伴随着新的切齿机型的出现或加工方法的更新。齿轮切削机床的发展经历了如下几个阶段：20 世纪 50 年代中期以前的完全机械式→随后 20 年带有少量电气控制式→20 世纪 70 年代开始的带有简单的 PLC→当前的全数控式。由纯粹的机械组合逐步演化为由强大的控制系统与简单的机械执行机构的组合。在控制技术高度发展的今天，人们已经可以摆脱传统机床中繁琐的机械传动系统，通过分别控制刀具和轮坯的各个空间运动的自由度来加工出任意的满足共轭条件的齿轮齿面。

从啮合原理的角度看，两齿轮的啮合过程是它们齿廓曲面互为包络的过程，只要两齿面满足共轭条件，便可以啮合传动。从空间运动学的角度看，切制齿轮的齿面就是控制刀刃在每一瞬间与轮坯的位置。轮坯与刀具在空间的相对运动最多只有 6 个自由度（3 个方向的移动和 3 个转动自由度），也就是说，最多用 6 个既能连续变化，又能满足相互之间位置变化的函数关系的参数就可以控制。

上述 6 个独立的运动必须完成的基本任务是切削和分度，而切削和分度一般主要靠刀盘和工件的旋转来实现，其他 4 个运动用来配合完成整个加工过程。因此，（长辐）旋轮线、各种螺旋线、（长辐）渐开线等都可以作为齿轮的齿线，如图 2.8～2.10 所示。同时齿廓曲线也可以有更大的选择范围。

轴齿轮

图 2.8　圆弧齿线圆柱齿轮传动

图 2.9 曲线齿线锥齿轮

图 2.10 可实现同向外啮合的齿轮传动

1. 通过实验,说明根切现象与哪些因素有关?

2. 齿条型刀具的齿顶高和齿根高为什么都等于 $(h_a^* + c^*)m$?

3. 比较用同一齿条刀具加工出的标准齿轮与变位齿轮的几何参数: m、α、r、r_b、h_a、h_f、h、d_a、d_f、s、s_b、s_a、s_f 哪些变了?哪些没有变?为什么?

4. 本实验所用范成仪中轮坯与齿条刀之间的范成运动是靠齿轮和齿条传动实现的,请问:也可以通过其他传动方式实现吗?举例说明。

它们之间范成
运动是什么?

实 验 报 告

"齿轮范成原理实验"实验报告

姓名_____学号_____班级_____实验日期_____指导教师_____

一、原始数据

(1) 齿条刀具：模数 $m=20\text{mm}$　　　压力角 $\alpha=20°$

齿顶高系数 $h_a^*=1$　　　径向间隙系数 $c^*=0.25$

(2) 被加工齿轮齿数：$z=10$

二、齿轮几何参数计算

序号	名称	单位	计算公式	计算结果		
				标准齿轮	正变位齿轮	负变位齿轮
1	分度圆半径 r					
2	变位系数 x					
3	基圆半径 r_b					
4	齿顶圆半径 r_a					
5	齿根圆半径 r_f					

三、实验结果

1. 三个轮齿齿廓图（附图）

2. 正变位齿轮与标准齿轮，负变位齿轮与标准齿轮实验结果比较（与标准齿轮相比有变化时只需说明增大或减小，不需要具体数字，可以用"＋"表示增大，"－"表示减小，

"0"表示不变填入表中)

项目	分度圆 直径 d	基圆 直径 d_b	根圆 直径 d_f	顶圆 直径 d_a	齿距 p	齿厚 s	齿槽 宽 e	基圆 齿厚 s_b	顶圆 齿厚 s_a
正变位									
负变位									

四、思考题讨论

第3章
回转体动平衡实验

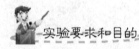

实验要求和目的

➤ 了解动平衡机的基本工作原理；

➤ 掌握在 DPH-1 型动平衡机上进行回转构件动平衡的基本方法；

➤ 掌握在 Y1BK 型动平衡机上进行回转构件动平衡的基本方法。

3.1 实验内容及实验设备

1. 实验内容

(1) 找出回转构件上不平衡质量的大小和方位；

(2) 在平衡机对构件进行配重，使之达到平衡状态。

2. 实验设备

(1) 动平衡机(DPH－1型、Y1BK型)。

(2) 多种外形结构的实验转子。

(3) 平衡质量(各种大小质量的磁钢块、橡皮泥、螺钉螺母及垫片)。

(4) 普通天平。

(5) 计算机及打印机。

3.2 动平衡机的基本工作原理及平衡方法
(以两种动平衡机为例)

3.2.1 DPH－Ⅰ型智能动平衡机的工作原理及操作方法

1. 设备特点与主要技术参数

DPH－Ⅰ型智能动平衡机(图3.1)是一种适用于教学、基于虚拟测试技术的智能化动平衡实验系统。主要技术参数如下：

图 3.1 DPH－Ⅰ智能动平衡实验机

（1）工件质量范围（kg）：0.1～5

（2）工件最大外径（mm）：Φ260

（3）两支撑间距离（mm）：50～400

（4）支撑轴径范围（mm）：Φ3～30

（5）圈带传动处轴径范围（mm）：Φ25～80

（6）最小可达残余不平衡量 ≤0.3gmm/kg

（7）测量时间：最长 3s

（8）平衡转速：约 1200r/min，2500r/min 两档

（9）电机功率（kW）：0.12

（10）一次减低率：≥90%

2. 工作原理

DPH-Ⅰ智能动平衡实验机工作原理和结构分别如图 3.2 和 3.3 所示，系统由计算机、数据采集器、高灵敏度有源压电力传感器和光电相位传感器等组成。当被测转子旋转，由于其中心惯性主轴与其旋转轴线不重合而产生不平衡离心力，并迫使支承做强迫振动。于是安装在左右两个硬支撑机架上的有源压电力传感器感因此而发生机电换能，产生两路包含有不平衡信息的电信号输出到数据采集装置的输入端，与此同时，安装在转子上方的光电相位传感器产生与转子旋转同频同相的参考信号，通过数据采集器输入到计算机。

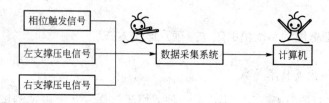

图 3.2　DPH-Ⅰ智能动平衡实验机原理图

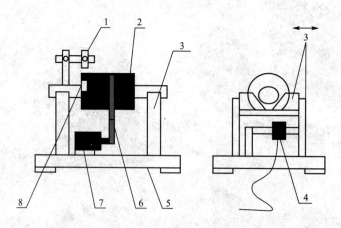

图 3.3　DPH-Ⅰ智能动平衡实验机结构示意图

1—光电传感器；2—被试转子；3—硬支承摆架组件；4—压力传感器；

5—减振底座；6—传动带；7—电动机；8—零位标志

　　计算机通过采集器采集此三路信号，由虚拟仪器进行前置处理，跟踪滤波，幅度调整，相关处理，FPT变换，校正面之间的分离解算，最小二乘加权处理等。最终算出左右两面的不平衡量、校正角度，以及实测转速。

　　3. 主要软件界面操作介绍

　　1）系统主界面

　　通过单击启动界面可进入系统主界面，如图3.4所示。

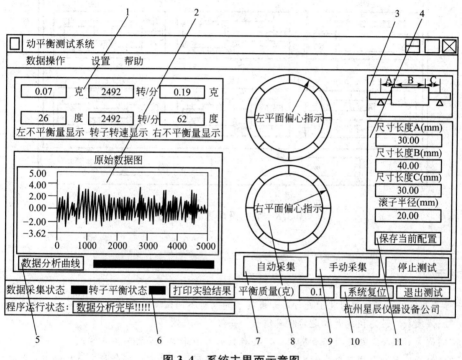

图3.4　系统主界面示意图

图中：

　　1—测试结果显示区，显示左、右不平衡量，转子转速，不平衡方位。

　　2—原始数据显示区，显示当前采集的数据或者调入数据的原始曲线，在此用户可以看出机械振动的大概情况。

　　3—转子结构显示区，用户可以通过双击当前显示的转子结构图，直接进入转子结构选择图，选择需要的转子结构。

　　4—转子参数输入区，在计算偏心位置和偏心量时，需要用户输入当前转子的各种尺寸（图上没有标出转子的半径），输入数值均以毫米为单位。

　　5—"数据分析曲线"按钮，由此可以进入详细曲线显示窗口看到整个分析过程。

　　6—指示平衡后的转子的状态，灰色为未达到平衡，蓝色为已经达到平衡状态。平衡状态的标准由用户通过"允许不平衡质量"栏设定。

　　7—"自动采集"按钮，为连续动态采集方式，直到按下"停止"按钮为止。

　　8—左右两端不平衡量角度指示图，指针指示的方位为偏重的位置角度。

　　9—"手动采集"按钮。

　　10—"系统复位"按钮，清除数据及曲线，重新进行测试。

　　11—工件几何尺寸保存按钮开关，单击该开关可以保存设置数据（重新开机数据不变）。

2）模式设置界面

模式设置界面示意图如图3.5，图上罗列了一般转子的结构图，可以通过鼠标来选择相应的转子结构来进行实验。每一种结构对应了一个计算模型，选择了转子结构的同时也选择了对应结构的计算方法。

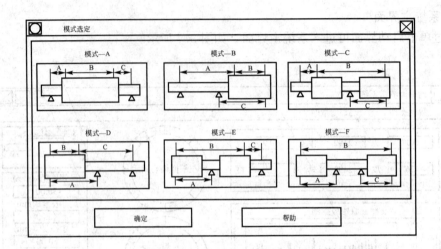

图 3.5　模式设置界面示意图

 提示

◇　标定是针对同一结构的转子进行，如果转子的结构不同则需要重新标定。

◇　"测试次数"设定值越大标定的时间越长，一般5～10次。

◇　"测试原始数据"栏是数据观察栏，只要有数据表示正常，反之为不正常。

◇　"详细曲线显示"用来观察标定过程中数据的动态变化过程，以判断标定数据的准确性。

3）采集器标定窗口

采集器标定窗口示意图见图3.6所示，进行标定的前提是具有一个已经平衡了的转子，在已经平衡了的转子上的A，B两面加上偏心重量，所加的重量（不平衡量）及偏角（方位角）用户从"标定数据输入窗口"输入。启动装置后，用户通过单击"开始标定采集"。

数据采集完成后，结果位于第二行的显示区域，用户可以将手工添加的实际不平衡量和实际的不平衡位置填入第三行的输入框中，输入完成，依次按"保存标定结果"和"退出标定"按钮完成标定。

4）数据分析窗口

按"数据分析曲线"按钮，弹出如图3.7所示窗口，可详细了解数据分析过程。

5）滤波器窗口

显示加窗滤波后的曲线，横坐标为离散点，纵坐标为幅值。

6）频谱分析图

显示FFT变换左右支撑振动信号的幅值谱，横坐标为频率，纵坐标为幅值。

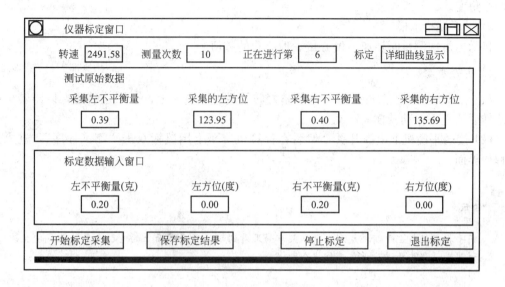

图 3.6　采集器定标窗口示意图

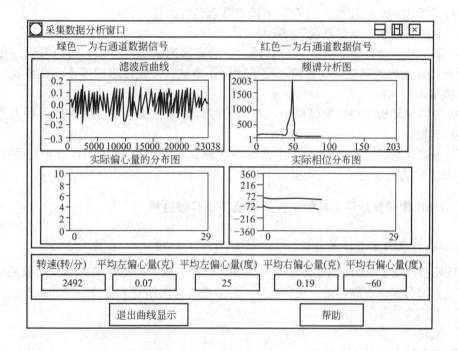

图 3.7　数据分析窗口示意图

7）实际偏心量分布图

自动检测时，动态显示每次测试的偏心量的变化情况。横坐标为测量点数，纵坐标为幅值。

8）实际相位分布图

自动检测时，动态显示每次测试的偏相位角的变化情况。横坐标为测量点数，纵坐标为偏心角度。

9）最下端指示栏

指示出每次测量时转速、偏心量、偏心角的数值。

4．实验步骤

（1）在支承架上安放好转子，并调整好转子的左、右、上、下限位装置，以防转子高速旋转后的上下振动及横向窜动。

（2）接通平衡机上电源开关，然后在计算机屏幕上用鼠标双击"测试程序"，进入测试程序界面。

提示

◇ 用手指轻轻敲击平衡机左右面支承架，如果看到测试程序界面上的青、白色两曲线发生波动，说明测试程序已进入正常工作状态。

（3）接通平衡机上电机开关，在测试程序界面上，看到蓝色的间隔均等的相位小方波信号，说明相位传感器已正常工作，若蓝色方波信号大小不等，间隔不均，则还需调节相位传感器上的灵敏度大小，直到出现正常蓝色方波信号为止。

（4）双击"动平衡测试系统"，进入测试状态。

（5）采用"自动采集"方式进行测试，一般要求测试 5～10 次，可以看到绿色滚动条滚动 5～10 次，达到测试次数后，按下"停止测试"按钮，测试停止。在界面上可以看到测试结果。

（6）关掉电动机，根据测试结果，对转子进行配重。配重质量可以用各种大小、形状的小磁钢块。

（7）配重完后，打开电动机，再进行一次测试，如此反复几次，直到达到平衡为止。将每次测试数据记录在实验报告上。

3.2.2　YIBK 型硬支承平衡机的工作原理及平衡实验过程

1．设备特点与主要技术参数

Y1BK 型硬支承平衡机(图 3.8)具有电测、电控、床身一体化的特点，读取测量数据方便，电控部分简单可靠，是一种高精度、高效率、易操作的工业用小型平衡机。

主要技术参数如下：

（1）工件最大质量：10kg

（2）工件最大直径：360mm

（3）工件轴颈范围：滚轮架(1) 5～22mm
　　　　　　　　　　滚轮架(2) 22～50mm

（4）两支承架中心最大间距：450mm

（5）两支承架中心最小间距：36mm

（6）平衡转速：80～2280r/min

（7）最小可达剩余不平衡度≤ 0.1g·mm/kg

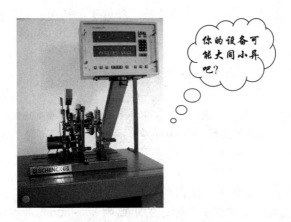

图 3.8　Y1BK 型硬支承动平衡机

（8）不平衡量减少率≥95%

2. 工作原理

根据动平衡原理，一个不平衡的刚性转子总可以在与旋转轴线垂直而不与转子相重合的二个校正平面上减去或加上适当的质量来达到动平衡目的。

为了精确、方便、迅速地进行测量，通常采用压电式传感器或磁电式速度传感器把力这一非电量的检测转换成电量的检测。传感器安装在支承架上，测量平面位于支承平面上，而转子的二个校正平面可根据各种转子的不同（如形状、校正手段等）选择在支承平面以外的其他轴向平面上，再利用静力学原理把支承平面处测量到的不平衡力信号换算到二个校正平面上。

提示

◇ 动平衡校正之前，须解决两校正平面不平衡量的相互影响。
◇ 硬支承平衡机对转子两校正平面不平衡量的相互影响是通过两校正平面的间距 B，校正平面到左、右支承平面的间距 A、C 的设置预先给予解决的。

3. 实验步骤

（1）根据转子支承点间距，调整两支承架相对位置，按转子的轴颈尺寸及转子的水平自由状态，调整好滚轮架高度，并加以固紧。

提示

◇ 操作前须清洁转子轴颈、支承架滚轮和皮带传动处的外径处。
◇ 安装转子时，应避免转子与支承架发生撞击。
◇ 转子安装后，在轴颈和支承滚轮表面上加少许清洁的机油，并松开位于传动架下端在床身导轨上用于运输时固定机架的螺钉。

（2）调整好限位支架，以避免转子轴向移动，甚至窜出。

（3）按本机规定的 CD^2n^2 和 Gn^2 的限止值选择好平衡转速，并按转子传动处的直径和皮带轮大小，调整好皮带传动机构。

 提示

◇ 若转子不平衡量较大，可能会引起转子在支承轴承上跳动时，要先用低速校正。
◇ 转子虽然质量不大，但外径较大，影响到拖动功率时，也只能用低速校正。
◇ 转速选择可按工件质量，工件外径，初始不平衡以及拖动功率来决定。

（4）在转子端面或外径上做黑色或白色标记，调整光电头位置，照向转子的垂直中心线，并对准标记。一般聚焦镜到转子上标记的距离为30～50mm，本机附有白标记，标记一般也可用油漆或涤纶胶水纸，标记宽度≥4mm(或 10°)，且保证足够的反差，标记处应避免强光源干扰。

（5）对于平衡重心位于两支承架外侧的工件，工件放上滚轮架后，必须使用本机所附的压紧安全架，将压紧滚轮压于工件轻端的轴颈上进行动平衡校验，以保证安全和减少轴颈磨损。

（6）接通电测箱电源，自动进入自检过程(默认自检项目有 4 个)。

自检结束，出现"testE"的字符，若自检结果证明电测箱功能正常及部件连接完好，则电测箱自动终止自检状态，开始进入测量过程。否则说明电测箱有故障，不能正常工作，显示停留在"testE"状态。

（7）顺序按D+/−键实现复位。并根据转子的支承情况选择支承方式(支承方式有0～6六种，根据实际支承情况选择其中一种)，然后等屏幕上相应符号 A、B、C、左边 R、右边 R 闪烁后，分别输入相应转子数据 A、B、C 及左右两边 R 值。

支承方式及 A，B、C 符号意义如下。

左边 L 为左校正面的校正半径(单位 mm)，并且输入左边 L 值后，还应选择用加重方式还是用去重方式进行平衡，再按确认键→。

右边 R 为右校正面的校正半径(单位 mm)，输入右边 R 值后，也应选择用加重方式还是用去重方式进行平衡后，再按确认键→。

用加重方式校正平衡的符号 ⊔，用去重方式校正不平衡的符号 ⌄，符号 ⊔ 或 ⌄ 显示屏上会自动显示出来，要实现加重和去重之间的转换，可按+/−切换键来实现。

（8）显示屏上符号 Q 闪烁后，输入平衡转速(输入的平衡转速大小应满足平衡机工作转速范围要求)。

（9）显示屏上左边符号 T 闪烁后，直接按确认键→(说明在测量运转中自动调节通道上的灵敏度，并可在最高灵敏度条件下测量)。此时显示屏上左边灵敏度光栅条闪烁，输入所需要的灵敏度值(0～6七个中选择一个)。

(10) 显示屏上右边符号 T 闪烁后，直接按→键，再当显示屏上右边灵敏度光栅条闪烁后，输入所需要的灵敏度值。

(11) 显示屏上符号［闪烁后，直接按→(说明选择极坐标形式)显示测量值。否则在符号［闪烁后输入分量数，即为用分量形式显示测量值。

(12) 显示屏上符号 A 下面的发光二极管闪烁后，输入所要连续测量的次数。

(13) 显示屏上符号↑↓下面的发光二极管闪烁后，直接按→(说明选择动平衡方式)。

(14) 显示屏上符号◯下面的发光二极管闪烁后，按→(因为没有配定位仪)。

(15) 此时显示屏上显示上面已输入的转子数据，并且显示屏上符号 D 闪烁。若需要将所输入的数据存储到转子文件中去，则输入文件号(文件号 0～99 中选一个)，再按存储键▣以及↑。若不要存储到转子文件中去，则直接按→。

(16) 显示屏上符号 D 不闪烁，按绿色按钮进行开车工作。

(17) 调节转速旋钮，使显示屏上显示的实际转速与前面输入的平衡转速相差不超过±5%后，显示屏显示测量结果，即显示不平衡量和相位。

提示

◇　每个数据输入后，必须按确认键→后，才起作用。

转子六种支承方式及 A、B、C 符号意义见表 3-1。

表 3-1　支承方式与校正面位置

序号	支承方式	校正面位置
1		两个校正面均在支承面中间(内侧)
2		两个校正面均在其相应支承面的右侧
3		两校正面均在右支承面的右端
4		两校正面均在左支承面的左端

(续)

序号	支承方式	校正面位置
5		两校正面均在其相应支承面的左端
6		两校正面均在对应支承点外侧
0		"0"状态下，A=C=0，该方式在前面板上不显示。A和C的输入被省略，仅显示B

3.3 动平衡机的发展

在机械制造业中，高精度和高转速的采用，必须以良好的平衡作为基础，否则，回转构件本身的材料质量分布不均匀、加工精度不够等因素就会引起该构件的惯性力与惯性力偶的不平衡，这些不平衡量会导致轴承负荷的增加，磨损加剧、振动和噪声的形成，缩短机器的使用寿命，严重的还可能引起旋转轴及其上安装部件疲劳缺口的生成，进而引起断裂，危及人身安全。因此，对旋转体（即工件转子）进行动平衡校正，已成为诸如：动力、汽车、电动机、机床、化工、食品等工业以及计算机、通信和自动化技术等设备制造业中必不可少的工艺措施之一。

动平衡技术的发展可以追溯到 1866 年，从德国西门子公司发明发电机开始，出现了高速旋转机械，因而，应运而生了动平衡校正产业。1870 年 Henry Martinson 申请了平衡技术的专利，1907 年 Franz Lawaczek 博士进一步改良了平衡技术，1915 年 Carl Schenck 制作了第一台双面平衡机。至 20 世纪 40 年代末，所有的平衡校正工作都是采用纯机械的手段进行的，转子的平衡转速通常取振动系统的共振转速，以使振幅最大，在这种方式下测量转子平衡，测量误差较大，也不安全。

20 世纪 50 年代以后，随着电子科学技术的发展和广泛应用，采用电子技术测量构件不平衡量的大小以及方位的动平衡实验机大量涌现，70 年代出现了硬支撑平衡机，使得定标、调整、测试更加的稳定可靠。近年来，随着工业技术的高速发展，机器对平衡技术的要求越来越高，各类通用、专用动平衡实验机的精密、可靠性和自动化程度也都越来越高，现已开发制造出集检测、去重平衡于一身的全自动动平衡机。

目前工业应用中常见的动平衡机主要有以下几类。

1）从支撑类型来分

根据支撑类型有软支撑和硬支撑动平衡机之分，因为硬支撑动平衡机具有性能更为稳定、操作简便、工作转速也可以相对较低等优点，故在实际使用中较为常见，如图3.9所示。

2）从被测转子的驱动方式上分

从被测转子的驱动方式上分有圈带传动、万向节传动和自驱动动平衡机，如图3.10～图3.12所示。

图 3.9　硬支撑动平衡机

图 3.10　圈带传动动平衡机

图 3.11　万向节传动动平衡机

图 3.12　自驱动动平衡机

3）专用动平衡机

专用动平衡机是指专为某类型的构件开发的专用动平衡机，例如图3.13所示的传动轴专用动平衡机，图3.14所示的车轮专用动平衡机，图3.15所示的内燃机曲轴专用动平衡机。

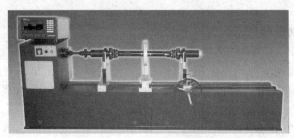

图 3.13　传动轴专用动平衡机

图 3.14　车轮专用动平衡机

图 3.15　内燃机曲轴专用动平衡机

4）全自动动平衡机

全自动动平衡机采用工件装夹、平衡测量、修正、复测一体的结构，动平衡机本身可以通过铣削去重完成平衡，能满足大批量零件生产的平衡效率和精度一致性的要求。相对于普通动平衡机只能检测转子的不平衡量的大小和位置，具体的加重去重的平衡过程必须人工完成，自动平衡机结构紧凑、生产效率高。

从被测转子放置状态来分，动平衡机有卧式和立式之分，如图 3.9～图 3.15 所示都是卧式动平衡机，图 3.16 所示的全自动动平衡机是立式动平衡机。

图 3.16　全自动动平衡机

思考题

1. 动平衡试验机检测不平衡质量大小的原理是什么？
2. 动平衡试验机检测不平衡质量方位的原理是什么？
3. 哪些构件需要做动平衡实验？构件经动平衡后是否需要进行静平衡，为什么？
4. 论述动平衡实验机上的配重方式及注意事项。
5. 如图 3.17 所示电动机转子的质量为 10kg，最高工作转速为 3000r/min，通过查阅回转件标准化资料相关图表确定转子的平衡精度等级为 G6.3、最大许用偏心距 $[e]=20\mu m$，即如用两基本对称于质心的校正面平衡时每个校正面许用不平衡质径积的大小不能超过 $0.5m[e]=0.5\times 10kg\times 20\mu m=0.1g\cdot m$。如果选用的两个校正面不对称于质心，如何确定每个面的许用不平衡质径积？

图 3.17 普通电动机转子

实 验 报 告

"回转体动平衡实验"实验报告

姓名_____学号_____班级_____实验日期_____指导教师_____

一、在 DPH－I 型平衡机上的实验报告

1. 在 DPH－I 型平衡机上实验数据

(1) 实验转子质量：

(2) 实验转子支承方式及相应数据 A、B、C、R_1、R_2：

(3) 平衡转速：

2. 在 DPH－I 型平衡机上实验过程数据记录

平衡面	次序	不平衡量大小/g	不平衡量位置(°)	配重方式及大小/g	配重位置(°)	平衡半径 r/mm
左平衡面	1					
	2					
	3					
	4					
	5					
	6					
	7					
	8					
右平衡面	1					
	2					
	3					
	4					
	5					
	6					
	7					
	8					

二、在 Y1BK 型硬支承平衡机上的实验报告

1. 在 Y1BK 型硬支承平衡机上实验数据

(1) 实验转子质量：

(2) 实验转子支承方式及相应数据 A、B、C、R_1、R_2：

(3) 平衡转速：

2. 在 Y1BK 型硬支承平衡机上实验过程数据记录

平衡面	次序	不平衡量大小/g	不平衡量位置(°)	配重方式及大小/g	配重位置(°)	平衡半径 r/mm
左平衡面	1					
	2					
	3					
	4					
	5					
	6					
	7					
	8					
右平衡面	1					
	2					
	3					
	4					
	5					
	6					
	7					
	8					

三、思考题讨论

第 **4** 章
齿轮传动效率测试实验

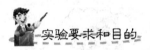实验要求和目的

> 了解封闭功率流式齿轮实验台的基本原理、特点；
> 掌握封闭功率流式齿轮实验台传动效率和功率的测量方法。

齿轮传动的功率损耗主要包括啮合中的摩擦损耗、搅动润滑油的油阻损耗和轴承中的摩擦损耗。

4.1 实验内容和设备简介

1. 实验内容

(1) 测量不同载荷下齿轮传动的功率和效率。

(2) 绘制输入输出功率关系，及效率与输出转矩关系曲线。

2. 实验设备

实验设备由封闭功率流式齿轮系统、数据显示和数据输出三部分组成，如图 4.1 所示。

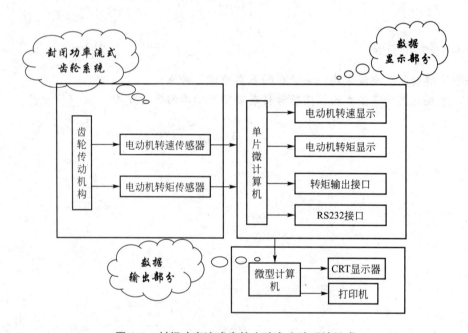

图 4.1 封闭功率流式齿轮实验台实验系统组成

其中数据、计算，也可以利用具有数据采集处理、结果曲线显示、信息存储、打印输出等多种功能的自动化处理系统。封闭功率流式齿轮系统采用了悬挂式齿轮箱结构，加载方便、操作简单安全、耗能少，并可以实现不停机加载，如图 4.2 所示。

1) 主要技术参数

(1) 实验齿轮模数 $m=2\text{mm}$

(2) 齿轮齿数 $z_4=z_3=z_2=z_1=38$

(3) 速比 $i=1$

(4) 直流电机额定功率 $P=300\text{W}$

(5) 直流电机转速 $n=0\sim1100\text{r/min}$

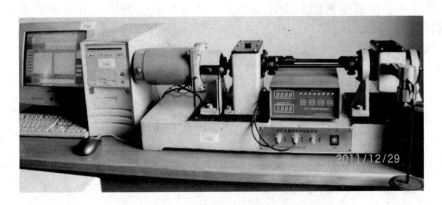

图 4.2　CLS-Ⅱ型齿轮传动实验台

（6）最大封闭扭矩 $T_B=15\text{N}\cdot\text{m}$

（7）最大封闭功率 $P_B=1.5\text{kW}$

2）实验台结构

实验台结构如图 4.3 所示，由定轴齿轮副、悬挂齿轮箱、扭力轴、双万向联轴器等组成一个封闭机械系统。

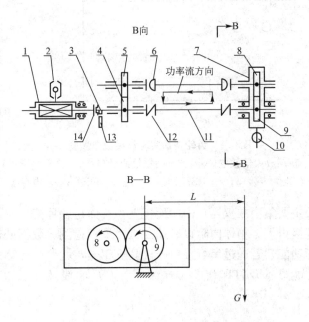

图 4.3　齿轮实验台结构简图

1—悬挂电动机；2—转矩传感器；3—永久磁钢；4、5—定轴齿轮副；
6—万向联轴器；7—悬挂齿轮箱；8、9—齿轮副；10—砝码；11—扭力轴；
12—刚性联轴器；13—霍耳传感器；14—浮动联轴器

电动机采用外壳悬挂结构，通过万向联轴器和齿轮相连，与电动机轴相连的转矩传感器把电动机转矩信号送入实验台电测箱，在数码显示器上直接读出，电动机转速由霍耳传感器测出，同时送往电测箱中显示。

齿轮传动实验仪系统框图如图 4.1 所示，实验仪正面面板及背面板布置如图 4.4、图 4.5 所示。

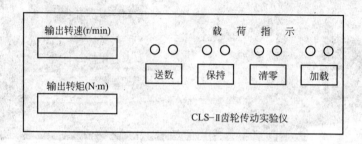

图 4.4　齿轮传动实验仪面板布置图

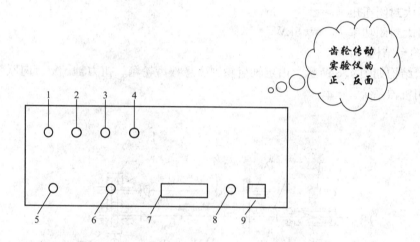

图 4.5　齿轮传动实验仪后板布置图

1—调零电位器；2—转矩放大倍数电位器；3—力矩输出接口；4—接地端子；5—转速输入接口；
6—转矩输入接口；7—RS232 接口；8—电源开关；9—电源插座

实验仪操作部分主要集中在仪器正面的面板上，背面是各种接口，备有微机 RS232 接口、转矩、转速输入接口等。箱体内附设有单片机，承担检测、数据处理、信息记忆、自动数字显示及传送等功能。若通过串行接口与计算机相连，就可由计算机对所采集数据进行自动分析处理，并能显示及打印齿轮传递效率 $\eta - T_9$ 曲线及 $T_1 - T_9$ 曲线和全部相关数据。

4.2　效 率 计 算

由图 4.3 可知，实验台空载时，悬臂齿轮箱的杠杆通常处于水平位置，当加上一定载荷之后，悬臂齿轮箱会产生一定角度的翻转，从而在万向节轴上就产生了一个力矩 T_9，在力矩 T_9 作用下，齿轮 9、8、5、4 上各受圆周力为 F_{t9}、F_{t8}、F_{t5}、F_{t4}，这些圆周力对各自齿轮形成的力矩分别为 T_9、T_8、T_5、T_4。当已知电动机转向 n 后，各齿轮转向分别为

n_9、n_8、n_5、n_4，如图4.6所示。齿轮9、5为主动轮，齿轮8、4为从动轮。功率的传递必由主动轮传向从动轮，因此，功率流向从9→8→5→4，从而可得功率流向如图4.7所示，所以，总的输入功率为P_1+P_9，总的输出功率为P_9，所以单对齿轮

$$\eta_{总}=\frac{P_9}{P_1+P_9}=\frac{T_9}{T_1+T_9}$$

$$\eta=\sqrt{\frac{T_9}{T_1+T_9}}$$

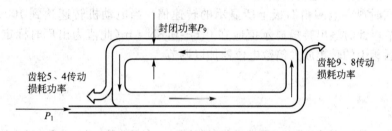

图4.6 齿轮箱中转速和切向力的方向

图4.7 封闭功率流向分析图

若$\eta=95\%$，则可见封闭功率流式实验台可大大地节省动力消耗，仅为开放式齿轮实验台动力消耗的1/20，是一种节能高效的实验方法。所以齿轮传动实验中绝大多数用封闭功率流式实验台，尤其是齿轮传动的疲劳强度实验。

由图4.3可以看出，当悬挂齿轮箱杠杆加上载荷后，齿轮9、8就会产生扭矩，其方向都是顺时针，对齿轮9中心取矩，得到封闭扭矩T_9(本实验台T_9是所加载荷产生扭矩的一半)即

$$T_9=\frac{GL}{2}(\text{N}\cdot\text{m})$$

式中，G为所加砝码重力(N)；L为加载杠杆长度，$L=0.3\text{m}$。

4.3 实验步骤

1. 人工记录操作方法

1) 电路连接

(1) 将电动机调速旋钮逆时针转至"0速"位置，连接传感器转矩信号输出线及转速信号输出线到电测箱后板和实验台上相应接口上；

（2）打开实验仪后板上的电源开关，并按一下"清零"键，此时，输出转速显示为"0"，输出转矩显示数"."，实验系统处于"自动校零"状态，校零结束后，转矩显示为"0"。

2）转矩零点及放大倍数调整

（1）零点调整。

实验台静止及空载状态下，用万用表接入电测箱背面力矩输出口 ③（图4.6）上，电压输出值应在 $1\sim1.5V$ 范围内，否则，调整电测箱后板上的调零电位器。

提示

◇ 若电位器带有锁紧螺母，则应先松开锁紧螺母，调整后再锁紧。

◇ 零点调整完成后按一下"清零"键，待转矩显示"0"后表示调整结束。

（2）放大倍数调整。

"调零"完成后，将电动机调速旋钮顺时针慢慢向"高速"方向旋转，电动机启动并逐渐增速，同时观察电测箱面板上所显示的转速值。当电动机转速达到 $1000r/min$ 左右时，停止调节，此时输出转矩显示值应在 $0.6\sim0.8N\cdot m$（此值为出厂时标定值）。否则，通过电测箱后板上的转矩放大倍数电位器加以调节。

提示

◇ 调节电位器时，转速与转矩的显示值有滞后时间，一般显示器数值跳动两次可达到稳定值。

3）加载

为保证加载过程平稳，先将电动机转速调到 $300\sim800r/min$，加第一个砝码，观察输出转速及转矩值，待显示稳定后，按一下"保持"键，并记录下该组数值。然后按下"加载"键，第一个加载指示灯亮，并脱离"保持"状态，表示第一次加载结束。

重复上述操作，直至加上八个砝码，当八个加载指示灯都亮后，转速及转矩显示器分别显示"8888"表示数据采集成功、主机加载操作完成。

根据所记录下的八组数据便可作出齿轮传动的传功效率 $\eta-T_7$ 曲线及 T_1-T_7 曲线。

提示

◇ 一般加载后转矩显示值跳动 $2\sim3$ 次即可达稳定值。

◇ 主机运行过程中如果振动较大，可按一下加载砝码吊篮或适当调节电动机转速。

◇ 加载过程中，应始终使电机转速保持在预定转速左右。

◇ 记录下各组数据后，应先将电动机调速至零，然后再关闭实验台电源。

2. 智能操作实验方法

1）电路连接

将随机携带的串行通信连接线的一端接到实验台电测箱的 RS232 接口，另一端接入计算机串行输出口。其余操作方法同前。

提示

◇ 无论连线或拆线时，都应先关闭计算机和电测箱电源，否则易烧坏接口元件；
◇ 上述接线串行口1#或2#均可。

2）转矩零点及放大倍数调整（方法同前）
3）打开软件程序
打开计算机，运行齿轮实验系统，首先对串口进行选择，即在串口选择下拉菜单中选择机型，然后单击数据采集功能，等待数据的输入。

4）加载
与前面类似，加载前先将电动机转速调至300～800r/min之间，并始终使电动机转速基本保持在预定值。

（1）实验台处于稳定空载状态下，加第一个砝码，待转速及转矩显示稳定后，按一下"加载"键（注：不需按"保持键"）第一个加载指示灯亮。加第二个砝码，显示稳定后再按一下"加载"键，第二个加载指示灯亮，第二次加载结束。如此重复操作，直至加上八个砝码，当八个加载指示灯都亮起后转速、转矩显示器会显示"8888"，表明数据已全部送到计算机。将电动机调速旋钮至"0"，并卸下所有砝码。

（2）确认传送数据无误（否则再按一下"送数"键）后，用鼠标选择"数据分析"功能，屏幕显示本次实验的曲线和数据。随之就可以进行数据拟合等一系列的分析操作工作。

（3）移动光标至【功能菜单】/【打印】选项，打印机将打印实验曲线和数据。

（4）单击【选项】，即可退出齿轮实验系统。

提示

◇ 如果出现采不到数据的现象，检查串口选择是否正确，串口连接是否可靠。
◇ 退出后应及时关闭计算机及实验台电测箱电源。

4.4 齿轮传动的应用

齿轮传动装置的特点是传动平稳、传动比精确、工作可靠、效率高、结构紧凑、寿命长，使用的功率、速度和尺寸范围大。齿轮传动功率可以从很小至几十万千瓦；速度最高可达300m/s；直径可以从几毫米至二十多米，在所有的机械传动中，齿轮传动应用最广。

最常用的齿轮传动是作为减速器用来降低转速和增大转矩，如各类通用、专用减速器，按齿轮轴线的相对位置分为平行轴圆柱齿轮传动、相交轴圆锥齿轮传动和交错轴螺旋齿轮传动。按照传动的级数可分为单级和多级，常用的减速器型式、其特点和应用如图4.8所示，本实验对象是一级圆柱齿轮减速器。

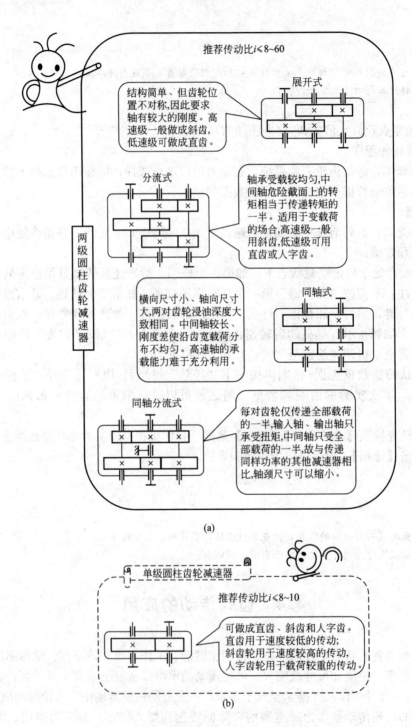

图 4.8　常用减速器类型举例

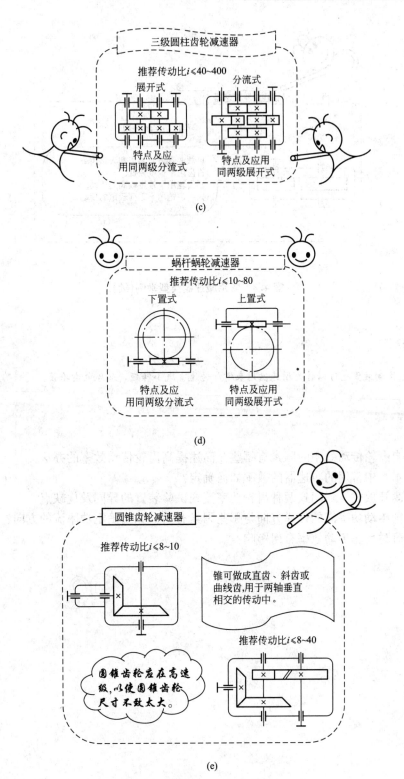

图 4.8 常用减速器类型举例(续)

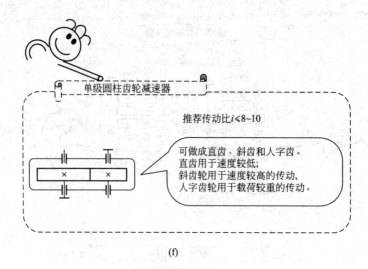

(f)

图 4.8　常用减速器类型举例(续)

提示

　◇　齿轮传动装置也可以作为增速器用来增加转速、减小转矩，如风电齿轮箱。

1. 影响齿轮传动效率的因素有哪些？简述提高齿轮传动效率的办法。
2. 图 4.8 中常用的减速器的效率如何确定？
3. 简述开放式、封闭式两种齿轮功率流式试验装置的异同及优缺点。
4. 齿轮传动功率流的传递方向与哪些因素有关？如何确定功率流的方向？
5. 载荷对齿轮传动效率有何影响？

实 验 报 告

"齿轮传动效率测定实验"实验报告

姓名_____学号_____班级_____实验日期_____指导教师_____

一、实验目的

二、实验数据及效率计算值

序号	电动机输出转矩 $T_1/(\text{N} \cdot \text{m})$	封闭力矩 $T_9/(\text{N} \cdot \text{m})$	电动机转速 $n/(\text{r} \cdot \text{min}^{-1})$	效率 $\eta(\%)$
1				
2				
3				
4				
5				
6				
7				
8				

三、绘制 $\eta - T_9$ 效率曲线及 $T_1 - T_9$ 扭矩关系曲线，并对两曲线进行数据拟合分析。

四、思考题讨论

看见我动脑筋的样子了吗?

第5章
带传动实验

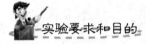

实验要求和目的

➤ 了解带传动实验台结构及工作原理；

➤ 观察带传动中的弹性滑动和打滑现象，并分析原因；

➤ 了解改变预拉力对带传动能力的影响；

➤ 掌握转矩、转速基本测量方法；

➤ 绘制带传动滑动率曲线和效率曲线。

带传动所传递的圆周力超过带与轮面间的极限摩擦力总和时，带与轮将发生显著的相对滑动，这种现象称为打滑。经常出现打滑将使带的磨损加剧、传动效率降低，以致使传动失效，应当避免。弹性滑动是由于紧边和松边的拉力差以及带的弹性变形引起的带与轮面之间的相对的滑动，只要传递圆周力，出现紧边和松边，就一定会发生弹性滑动，所以弹性滑动是不可避免的。

在带传动正常工作时，带的弹性滑动发生在带离开主、从动轮之前的那一段接触弧上，如图 5.1 所示，C_1B_1 和 C_2B_2 称为滑动弧，所对的中心角为滑动角，而把没有发生弹性滑动的接触弧 A_1C_1 和 A_2C_2，称作静止弧，所对的中心角为静止角，在带传动的速度不变的条件下，随着带传动所传递的功率的增加，带和带轮间的总摩擦力也随着增加，弹性滑动所发生的弧段的长度也相应扩大。当总摩擦力增加到临界值时，弹性滑动区域也就扩大到整个接触弧(相当于 C_1 点移动到与 A_1 点重合)。此时如果再增加带传动的功率，则带与带轮间就会发生显著的相对滑动，即整体打滑。

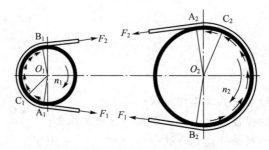

图 5.1　带传动的弹性滑动

5.1　实验内容和设备简介

1. 实验内容

(1) 测定主动轮、从动轮的转速 n_1、n_2 和转矩 T_1、T_2。

(2) 计算出输入、输出功率 P_1、P_2，带传动滑动率 ε、效率 η。

(3) 绘制滑动率曲线和效率曲线。

2. 实验设备

实验台由带传动装置、负载箱和电器箱三部分组成，如图 5.2 所示。

(1) 带传动装置由主动部分、从动部分和传动带 6 组成，如图 5.3 所示。

主动部分包括：355W 直流电动机 4、主动带轮 2 和皮带预紧装置 1，直流电机测速传感器 3、测力传感器 5。直流电动机 4 安装在可左右直线滑动的平台上，平台与带预紧力装置 1 相连，改变砝码的重力，就可改变传动带的预紧力。

从动部分包括：355W 直流发电机 9、从动轮 8、直流发电机测速传感器 10、直流发电机测力传感器 7。发电机发出的电量，经连接电缆送进电器控制箱 12、由导线 14 与负载连接。

(2) 负载箱由 9 只 40W 灯泡组成，通过开启不同数量的灯泡来改变负载。

(3) 电器箱内部线路示意如图 5.4 所示，外部面板用来完成控制和测试工作，旋动面

图 5.2　带传动实验台

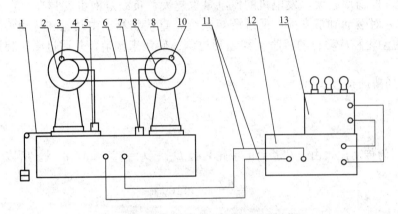

图 5.3　带传动实验台结构组成示意图

1—皮带预紧装置；2—主动带轮；3—直流电动机测速传感器；4—直流电动机；
5—测力传感器；6—传动带(平带或三角带)；7—直流发电机测力传感器；
8—从动轮；9—直流发电机；10—直流发电机测速传感器；11—连接电缆(2根)；
12—电器控制箱；13—负载箱；14—连接导线

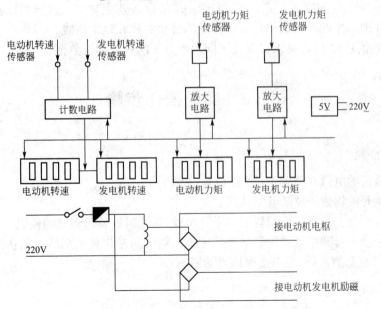

图 5.4　实验台电器箱线路图

板上的调速旋钮，可改变主动轮和从动轮的转速，并由面板上的转速计数器直接显示。直流电动机和直流发电机的转动力矩也分别由面板上的计数器显示。

5.2　实验台的工作原理

直流电动机 4 带动主动带轮 2 旋转，能量传递的顺序为：直流电动机 4→主动带轮 2→传动带 6→从动轮 8→直流发电机 9→负载箱 13(灯泡)。主、从动轮 2、8 之间的运动和动力依靠装在其上的传动带 6 与它们之间的摩擦力传递，摩擦力越大传递的运动和动力越大，即功率越大，发电机的发电量也越大，负载灯泡也就越亮。直流电动机和发电机均由一对滚动轴承支撑，通过测矩系统，直接测算出主动轮和从动轮的工作转矩 T_1 和 T_2。主动轮和从动轮的转速 n_1 和 n_2 通过调速旋钮来调节，并通过测速装置直接显示出来。

带传动的滑动系数

$$\varepsilon = \frac{n_1 - in_2}{n_1} \times 100\%$$

式中，i 为传动比，由于实验台的带轮直径 $D_1 = D_2 = 125\text{mm}$，$i = 1$。所以

$$\varepsilon = \frac{n_1 - n_2}{n_1} \times 100\%$$

带传动的传动效率为

$$\eta = \frac{P_2}{P_1} = \frac{T_2 n_2}{T_1 n_1} \times 100\%$$

式中，P_1、P_2 分别为主动轮、从动轮的功率。

随着发电机负载的改变，T_1、T_2 和 n_1、n_2 值也将随之改变。这样可以获得若干个工况下的 ε 和 η 值，由此可以绘出这套带传动的滑动曲线和效率曲线。

改变带的预紧力 F_0，可以得到在不同预紧力下的一组测试数据。

5.3　实验操作步骤

1. 准备阶段

(1) 实验台的电源开关置于"关"位置。

(2) 负载开关均置于"断开"状态。

(3) 控制面板上的调速旋钮置于"零"位置(即逆时针旋转到底的位置)。

(4) 将传动带套到主动带轮和从动带轮上，轻轻向左拉移电动机，并在预紧装置的砝码盘上加适当重量的砝码(要考虑摩擦力的影响)。

2. 实验阶段

(1) 打开电源开关。

（2）顺时针方向缓慢旋转调速旋钮，使电动机转速由低到高，直到电动机的转速显示为 $n_1 \approx 1000 \text{r/min}$ 为止（同时显示出相应的 n_2）。

提示

◇ 此时力显示器显示两电动机的工作力，分别乘以力臂可得工作扭矩 T_1、T_2。记录下测试结果 n_1、n_2 和 G_1、G_2。

（3）按下负载电灯开关 1～2 个，使发电机增加一定量的负载，调速 $n_1 \approx 1000 \text{r/min}$，待工况稳定后，再测试并记录下这一工况下的 G_1、G_2 和 n_1、n_2。

（4）继续增加负载，并调速到 $n_1 \approx 1000 \text{r/min}$，记录下对应的 G_1、G_2 和 n_1、n_2。

（5）逐级增加负载，重复上述步骤，直到 $n_1 - n_2 > 30 \text{r/min}$ 为止，此时 $\varepsilon > 3\%$，带传动已进入打滑区工作。

（6）增加砝码重量（即增加皮带预紧力），再重复以上实验。

提示

◇ 增加皮带预紧力，可发现带传动效率提高，滑动系数降低。
◇ 实验结束后，将调速旋钮逆时针方向旋转到底，再关掉电源开关，然后切断电源，取下带预紧砝码。

5.4 带传动的类型与应用

带传动的传动结构简单、传动平稳、能缓冲吸振、可以在大的轴间距和多轴间传递动力，且其造价低廉、不需润滑、维护容易，所以，广泛应用于农业、矿山、起重运输、冶金、建筑、石油、化工等各种机械传动中。带传动可分为摩擦型带传动和同步带传动，如图 5.5 和图 5.6 所示。其中摩擦型带传动更为常见，同步带传动可保证传动同步，但对载荷变动的吸收能力稍差，高速运转有噪声，带传动的布置方式如图 5.7 所示。

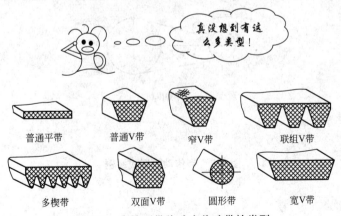

图 5.5 摩擦型带传动中传动带的类型

梯形齿同步带   弧齿同步带

图 5.6 同步带传动中传动带的类型

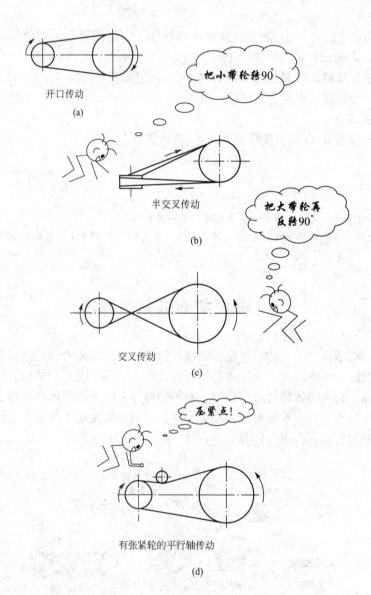

图 5.7 带传动的形式举例

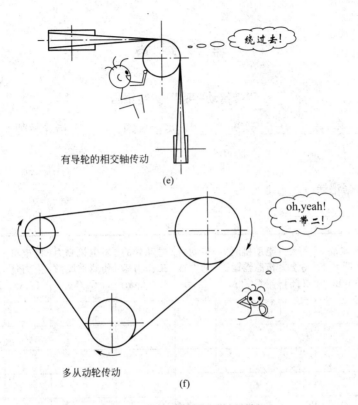

图 5.7 带传动的形式举例(续)

1. 论述你在实验过程中看到的弹性滑动与打滑现象及两者的本质区别。
2. 带传动的打滑和弹性滑动对带传动各产生什么影响?
3. 提高带传动的承载能力有哪些措施?
4. 分析滑动曲线和效率曲线的关系。
5. 打滑首先发生在哪个带轮上? 为什么?
6. 改变初拉力对带传动的承载能力将产生什么影响?
7. 试述带传动实验台主从动带轮工作转矩的测试方法及实验台加载机理。

实 验 报 告

"带传动实验"实验报告

姓名_____ 学号_____ 班级_____ 实验日期_____ 指导教师_____

一、实验目的

二、实验数据记录

预紧力 $F_0 =$ _____ kg。

序号	主动轮转速 n_1/$(r \cdot min^{-1})$	从动轮转速 n_2/$(r \cdot min^{-1})$	滑动系数 $\varepsilon(\%)$	电动机测力传感器读数 G_1/kg	电动机上力臂 L_1/m	主动轮的工作力矩 T_1/(kgm)	发电机测力传感器读数 G_2/kg	发电机上力臂 L_2/m	从动轮的工作力矩 T_2/(kgm)	效率 $\eta(\%)$
1										
2										
3										
4										
5										
6										
7										
8										
9										
10										

三、滑动系数 ε 和传动效率 η 的计算

（1）滑动系数 ε 的计算。

$$\varepsilon = \frac{n_1 - i n_2}{n_1} \times 100\%$$

本实验台 $i=1$

（2）传动效率 η 的计算。

$$\eta = \frac{P_2}{P_1} = \frac{T_2 n_2}{T_1 n_1} \times 100\%$$

式中，P_1、P_2 分别为主动轮、从动轮效率(kW)；n_1、n_2 分别为主动轮、从动轮转速 (r/min)；T_1、T_2 分别为主动轮、从动轮转矩(kg·m)。

(3) 有效拉力的计算。

$$F_e \approx 2T_1/D_1$$

四、绘制滑动系数曲线 ε - T_2 和传动效率曲线 η - T_2

随着负载的改变，T_1、T_2，n_1、n_2 值都在改变，我们用改变负载的方法可获得一系列的 T_1、T_2，n_1、n_2 值，通过计算我们又可以获得一系列的 ε 和 η 以及有效拉力 F_e，用这一系列数值可绘出滑动率曲线 ε - F_e 和传动效率曲线 η - F_e。

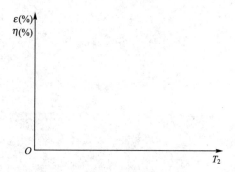

五、分析负载 T_2 对滑动系数 ε 和效率 η 的影响，预紧力 F_0 对 ε 和 η 的影响。

六、思考题讨论

看见我动脑筋的样子了吗?

第6章
液体动压滑动轴承实验

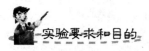实验要求和目的

- ➤ 观察滑动轴承的动压油膜形成过程与现象；
- ➤ 了解滑动轴承的摩擦特性；
- ➤ 了解滑动轴承压力油膜周向分布规律。

滑动轴承根据其滑动表面间的润滑状态,可分为液体润滑滑动轴承、不完全液体润滑滑动轴承和自润滑滑动轴承。根据液体润滑承载机理的不同,又可分为液体动压润滑滑动轴承(简称液体动压轴承)和液体静压润滑轴承(简称液体静压轴承)。

图 6.1   滑动轴承

对于液体动压轴承来说,形成流体动压润滑即形成动压油膜的必要条件如下:
(1) 相对滑动的两表面间必须形成楔形间隙;
(2) 相对滑动速度足够大,且使润滑油由大口流进,从小口流出;
(3) 润滑油供油要充分,且有一定的黏度。

6.1   实验内容及设备

1. 实验内容

(1) 观察动压油膜的形成过程与现象;
(2) 求出滑动轴承在刚启动时的摩擦力矩与摩擦系数关系;
(3) 绘制滑动轴承的摩擦特性曲线;
(4) 绘制轴承径向油膜压力分布曲线。

2. 实验设备

液体动压轴承实验台如图 6.2 所示,结构原理如图 6.3 所示。实验台主要由被测滑动轴承部分、动力传动部分、加载装置、测试装置和电动机控制装置 5 部分组成。

1) 被测滑动轴承部分

轴瓦 4 由青铜材料制成,包角为 180°,置于轴 3 的上半部;轴的下半部浸在装有 45 号机油的油池中。轴旋转时,将机油带进轴与轴瓦之间形成动压油膜。上半轴瓦每隔 22°30′ 沿径向钻一个直径为 ϕ_1 的小孔,如图 6.4 所示,每一个小孔与一块压力表 10 相连,用来测量沿轴瓦圆周各点径向动压油膜的压力值。

图 6.2   液体动压轴承实验台

2) 动力传动部分

355W 直流调速电动机 13 作为动力源,通过 V 形传动带 12 减速传动(速比 $i=3.715$)。

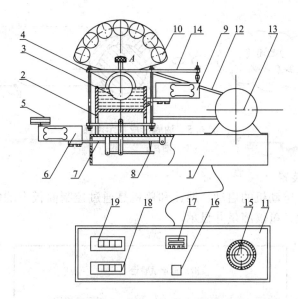

图 6.3 滑动轴承实验台结构示意图

1—底座；2—箱体；3—轴；4—轴瓦；5—加载砝码；6—调速载荷传感器；
7、8—加载杠杆；9—摩擦力传感器；10—压力表；11—控制显示仪表；
12—V 形传动带；13—直流电动机；14—测力杠杆；15—调速旋钮；
16—电源开关；17—转速显示表；18—载荷显示表；19—作用力显示表

3）加载装置

固定载荷部分包括轴瓦 4、压力表 10、加载杠杆 7、8 及传递机构等自重；可变载荷部分包括砝码重力、通过加载杠杆 7、8 产生的作用力。

4）测试装置

利用油膜形成指示电路(图 6.5)通过控制面板上的油膜指示灯的明暗程度显示油膜的形成与厚度变化情况。油膜压力值由图 6.4 所示轴瓦上与 7 个径向小孔连接的压力表显示。

由于轴与轴瓦之间存在压力油，当它们相对运动时，会产生摩擦力矩，在与轴瓦相连的测力杠杆 14 一端装有触头，触头压迫弹簧片，使弹簧片变形而产生反力来平衡，弹簧片上装有传感器，能反映出弹簧片的变形，通过其刚度系数，即可换算出摩擦力矩及在轴瓦上所作用的摩擦力。

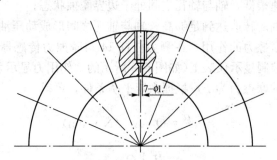

图 6.4 上半轴瓦油孔分布图

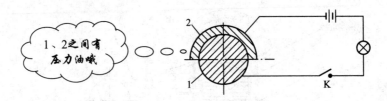

图 6.5   油膜形成指示电路

1—轴瓦；2—轴

5）电动机控制装置

如图 6.6 所示，电动机的启动、调速和停机是通过控制面板上的电源开关和电位器，电机转速由数字转速计量仪测量并显示。

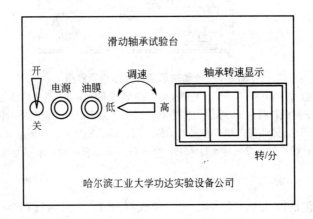

图 6.6   控制面板

6.2   实验台工作原理

如图 6.3 所示，箱体内装有足够的润滑油，轴瓦 4 与测力杠杆 14 联成一体，压在轴上，直流电机 13 通过 V 形传动带 12 驱动轴 3 旋转，轴将润滑油带到轴与轴瓦之间。

轴静止时：轴与轴瓦之间直接接触；

启动阶段：轴转速很低，轴与轴瓦之间处于边界摩擦状态；

稳定运转阶段：轴的转速达到足够高，轴与轴瓦之间形成动压油膜。

轴旋转时，由于摩擦力的作用，在测力杠杆 14 与摩擦力传感器 9 的触点处于产生作用力 Q，其大小可在控制显示仪表上（如图 6.3 所示的 "作用力显示表" 19）读取。

设轴与轴瓦之间的摩擦力为 F，根据力矩平衡条件，可得

$$F \cdot \frac{d}{2} = Q \cdot L \quad (\text{N} \cdot \text{mm})$$

$$F = \frac{2L \cdot Q}{d} \quad (\text{N}) \tag{6-1}$$

式中，d 为轴的直径；L 为测力杠杆的力臂长（轴中心至测力杠杆触头一端的距离）。

而作用于轴瓦上的载荷 W 是由砝码通过加载杠杆 8 加上去的，它还包括加载系统和轴瓦的自重，故有

$$W = iG + G_0 \quad \text{(N)} \quad (6-2)$$

式中，G 为砝码 5 的重力；G_0 为轴瓦、压力计等自重；i 为加载系统杠杆比。

因此轴与轴瓦之间的摩擦系数 f 可用下式计算：

$$f = \frac{F}{W} \quad (6-3)$$

而单位压力 q 可用下式计算：

$$q = \frac{W}{d \cdot B} \quad \text{(MPa)}$$

式中，B 为轴瓦宽度(mm)。

此时，从压力表上就可看到滑动轴承沿圆周各点的径向油膜压力，记录下各压力表上显示的压力值，选定一定的比例尺，便可绘制出径向油膜压力分布曲线。

6.3　实验操作步骤

1. 准备工作

（1）检查实验台，使各部件处于完好状态；

（2）在箱体油池中注入足够量的经过过滤的 45 号机油；

（3）去掉加载砝码 5；

（4）保证测力杠杆上的触头与测力传感器接触；

（5）保证图 6.5 所示电路中轴与轴瓦之间除通过直接接触外，其他部分是绝缘的，轴瓦不得与轴座相接触。

2. 实验阶段

1）观察动压油膜的形成过程

（1）主轴静止时。轴 2 与轴瓦 1 是接触的，如图 6.5 所示，接通开关 K，可以看到灯光很亮，这是因为轴与轴瓦直接接触，电路中电流较大。

（2）主轴启动后。当转速很低时，主轴带入轴与轴瓦之间的油形成部分润滑油膜，因为油为绝缘体，使金属接触面积减小，导致电路中的电流减小，因而灯光亮度减弱。

主轴转速提高，当轴与轴瓦之间形成了完整的压力油膜时，轴与轴瓦之间被完全隔开，导致电路中电流断路，灯泡熄灭。

2）求出刚启动时的摩擦力矩与摩擦系数

慢慢启动电动机，不加砝码，此时载荷只是杠杆系统的自重 G_0，当轴有转动趋势时，控制显示仪表上出现最大作用力 Q 值。需要重复做三次，并将每次测得的数据记录在表 6-1 中，根据记录的数据，代入式(6-1)和式(6-3)，求出启动时的摩擦力 F 和摩擦系数

f，最后求得一个平均值。

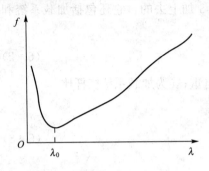

图 6.7　滑动轴承摩擦特性曲线

3) 绘制滑动轴承的摩擦特性 $\lambda-f$ 曲线

滑动轴承的摩擦特性曲线如图 6.7 的所示，其中 $\lambda=\eta n/q$，参数 η 为油的运动黏度，它与所受压力和温度有关。本实验在 5MPa 以下，时间短，温度变化也不大，因此可把油的黏度近似地看做一个常数。根据查表可得 45 号机械油折算成在室温（20℃）时的动力黏度 $=0.34\mathrm{Pa\cdot s}$，n 为主轴转速，可实际测得，q 为平均单位载荷。

从特性曲线图可以看出，摩擦系数 f 的大小是和转速有关的，主轴刚启动时，轴与轴瓦为边界摩擦，此时摩擦系数很大。随着转速的增加，压力油膜使轴与轴瓦的接触面积不断减小，摩擦系数明显下降，当达到临界点 λ_0 后为液体摩擦区，即为滑动轴承的正常工作区域。实验时变转速 n（即改变 λ），将不同转速下所对应的摩擦力 F 和摩擦系数 f 求出记录在表 6-2 中（并绘出 $\lambda-f$ 特性曲线。）

具体操作如下：

（1）加上适当的载荷，例如 $G=20\mathrm{N}$。

（2）调节控制旋钮，使主轴转速 $n=500\mathrm{r/min}$。

（3）读取作用力 Q，并记录在表 6-2 中。

（4）依次将主轴转速调至 400r/min、300r/min、200r/min、100r/min、40r/min（临界值附近的转速 10～5r/min 可根据具体情况选择），将各转速对应的作用力 Q 值记录在表 6-2 中。

4) 绘制轴承径向油膜压力分布曲线

启动电动机，转速控制在 250～300r/min，加载荷，观察指示灯泡（看是否形成油膜），形成压力油膜后，待各压力表的压力值稳定，由左向右依次将各压力表的压力值记录在表 6-3 中。根据测出的油压大小，按一定比例绘制油压分布曲线，如图 6.8 所示。

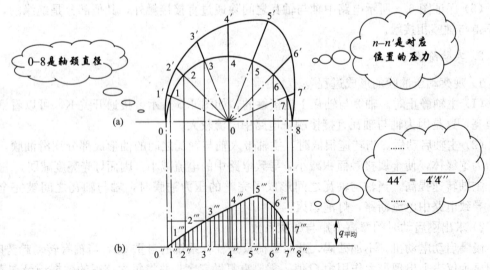

图 6.8　压力油膜周向颁布曲线与承载量曲线

具体画法是沿半圆周表面从左向右 8 等分分别得出油孔点 1，2，3，4，5，6，7 位置。通过这些点与圆心连线，在它们的延长线上，将压力表测出的压力值（比例 $\mu = 0.02\text{MPa/mm}$）画出压力向量 $1 - 1'$，$2 - 2'$，$\cdots$，$7 - 7'$。经 $1'$，$2'\cdots$，$7'$ 各点连成平滑曲线，这就是位于轴承中部截面的油膜径向压力分布曲线。

为了确定轴承承载量，用 $p_i\sin\phi_i$（$i=1$，2，$\cdots$，7）求得向量 $1 - 1'$，$2 - 2'\cdots$，$7 - 7'$ 在载荷方向（即 y 轴）的投影值。角度 ϕ_i 与 $\sin\phi_i$ 的数值对应关系如下：

ϕ_i	22.5°	45°	67.5°	90°	112.5°	136°	157.5°
$\sin\phi_i$	0.3826	0.707	0.9238	1	0.9238	0.707	0.3826

将 $p_i\sin\phi_i$ 绘制到图 6.8（a）的对应位置上，为清楚起见，将直径 $0 - 8$ 平移到图 6.8(b)，在直径 $0 - 8''$ 上先画出轴承表面上油孔位置的投影点 $1''$，$2''$，$\cdots$，$8''$，然后通过这些点画出上述相应的各点压力在载荷方向上的分量，即 $1'''$，$2'''$，$\cdots$，$7'''$ 等点，将各点平滑地连接起来，所形成的曲线即为在载荷方向上的压力分布。

在直径 $0 - 8''$ 上做一个矩形，采用方格坐标纸，使其面积与曲线所包围的面积相等，那么该矩形的边长 $q_{平均}$ 即为轴承中部截面上油膜径向平均单位压力。

轴承处在液体摩擦工作时，其油膜承载量与外载荷相平衡，轴承内油膜的承载量可用下式求出：

$$P = W = \phi \cdot q_{平均} \cdot B \cdot d$$

式中，P 为轴承内油膜承载能力；W 为外加载荷；ϕ 为端泄对承载能力影响系数；$q_{平均}$ 为径向平均单位压力；B 为轴瓦宽度；d 为轴瓦内径。

端泄对轴承压力分布及承载能力影响较大，通过实验，可求得其影响，具体方法如下。

由实验测得的每块压力表上的压力，代入下式，可求出在轴瓦中点截面上的径向平均单位压力：

$$q_{平均} = \frac{\sum_{i=1}^{7} q_i \cdot \sin\phi_i}{7}$$

$$= \frac{q_1 \cdot \sin\phi_1 + q_2 \cdot \sin\phi_2 + \cdots + q_7 \cdot \sin\phi_7}{7}$$

端泄对承载能力的影响系数，用下式求得：

$$\Psi = \frac{W}{q_{平均} \cdot B \cdot d}$$

6.4　新型高速滑动轴承

随着机械设备不断高速化、大型化，对轴承的承载特性和稳定性要求也不断提高，已经得到应用的新型轴承有：陶瓷滚动轴承、磁浮轴承、空气静压轴承或液体动静压轴承等，如图 6.9 所示。

(a) 球面滑动轴承

(b) 陶瓷轴承

(c) 直线滑动轴承

(d) 端盖式球面滑动轴承

图 6.9　滑动轴承

陶瓷球轴承具有重量轻，热膨胀小，硬度高，耐高温，耐腐蚀，非磁性等优点，缺点是制造难度大，成本高，与钢配套时热膨胀系数小，对拉伸应力和缺口应力较敏感。

磁浮轴承存在的主要问题是刚度与负荷容量低，所用磁铁与回转体的尺寸相比过大，价格昂贵。

空气静压轴承具有回转精度高、没有振动、摩擦阻力小、经久耐用，可以高速回转等特点，但气膜负荷能力和刚度都较低。

液体动静压轴承具有回转精度高、刚性较高、转动平稳、无振动的特点。在超高速机械上得到了广泛的应用。

新型结构的滑动轴承有：螺旋油楔滑动轴承、油螺旋式液体静动压轴承、新型液体动静压混合轴承、圆锥浮环动静压轴承、上瓦开周向槽椭圆轴承、上瓦带挡板椭圆轴承、动静压推力轴承。

思 考 题

1. 影响轴承承载量的因素有哪些？

2. 滑动轴承与滚动轴承比较有哪些独特优点？为什么？

3. 提高液体动力润滑滑动轴承的运动稳定性和油膜刚度是设计时应考虑的重要问题，其具体措施有哪些？

4. 对于液体动压轴承是否要验算轴承的压力 p、速度 v 和压力与速度的乘积 pv？为什么？

5. 说明液体动压油膜形成的必要条件。
6. 液体动压润滑轴承承载能力验算合格的基本依据是什么？
7. 滑动轴承润滑的目的是什么？
8. 通过实验简述形成液体动压油膜的必要条件。
9. 结合滑动轴承摩擦特性曲线阐述为何滑动轴承具有自调节功能？

实 验 报 告

"液体动压滑动轴承实验" 实验报告

姓名_____ 学号_____ 班级_____ 实验日期_____ 指导教师_____

已知数据

(1) 轴瓦：材料—ZQAL 9—4，宽度 $B=75mm$

(2) 轴：材料—45 钢，直径 $d=60mm$

(3) 电动机：型号 130sz02，额定功率 $P=355W$，额定转速 $n=1500r/min$

(4) V 带传动：内周长 $L=1120mm$，根数 $z=2$，中心距 $a=350mm$，传动 $i=3.175$

(5) 润滑油：牌号—45 号机油，黏度——$\eta=0.34(Pa \cdot s)$

(6) 加力杠杆比：42

(7) 测矩杠杆：力臂长 $L=160mm$

一、求滑动轴承刚启动时的摩擦力矩 T_1 与摩擦系数 f

表 6-1　启动状态下摩擦力及摩擦系数的测试记录及平均值

测量次数	作用力 Q/N	启动摩擦力 F/N	摩擦系数 f
1			
2			
3			
平均值			

二、滑动轴承摩擦特性曲线的测定(f 与 $\lambda = \eta \cdot n/q$ 的关系曲线)

表 6-2　非液体摩擦与液体摩擦状态下的转数 n 与作用力 Q 读数记录

已知条件：砝码重 $G=$_____ N　　　　　载荷 $W=$_____ N

$q=\dfrac{W}{Bd}=$_____ MPa　　　　$\eta=0.34Pa \cdot s$

	转速 $n/(r \cdot min^{-1})$	作用力/N	摩擦力 F/N	摩擦系数 f	$\lambda = \eta \cdot n/q$
1					
2					
3					
4					
5					
6					
7					
8					

绘制 $\lambda - f$ 特性曲线图(参考图 6.8)

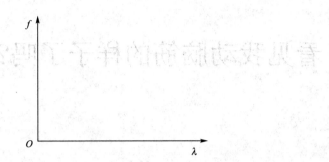

三、油压表读数

表 6-3　油压记录

油压表位置	1	2	3	4	5	6	7
径向压力/MPa							
向 Y 轴投影压力值 $P_i \cdot \sin\varphi_i$							

四、问题

1. 求径向单位面积上的平均压力 $q_{平均}$

2. 求端泄对承载量的影响系数 Ψ

3. 绘制轴承油膜压力周向分布曲线与承载量曲线

五、思考题讨论

看见我动脑筋的样子了吗？

第7章

渐开线直齿圆柱齿轮
参数测量实验

实验要求和目的

> 通过对渐开线直齿圆柱齿轮几何尺寸的测量，推算出其基本参数；
> 加深了解渐开线齿轮各部分尺寸与参数之间的相互关系；
> 掌握渐开线直齿圆柱齿轮齿顶圆、齿根圆的测量方法；
> 掌握一对啮合齿轮中心距的测量方法。

7.1 仪器和工具

实验用齿轮及游标卡尺如图 7.1 所示。
(1) 齿轮一对（齿数为奇数和偶数的各一个）。
(2) 游标卡尺（游标读数值不大于 0.05mm）。
(3) 渐开线函数表、标准模数表（自备）。
(4) 计算工具（自备）。

图 7.1 仪器和工具

7.2 实 验 内 容

1. 测量数据

(1) 齿轮齿数 z。
(2) 公法线长度 W_n、W_{n+1}。
(3) 根圆直径 d_f。
(4) 齿轮孔径 d_k。
(5) 一对相啮合齿轮的实际测量中心距 a''。

2. 计算齿轮的基本参数

(1) 基圆齿距 p。
(2) 模数 m。
(3) 分度圆压力角 α。

(4) 齿顶高系数 h_a^*。

(5) 径向间隙系数 c^*。

(6) 变位系数 x。

(7) 基圆齿厚 s_b。

(8) 计算中心距 a'。

(9) 齿合角 α'。

7.3 实验原理和方法

单个渐开线直齿圆柱齿轮的基本参数有：齿数 z、模数 m、压力角 α、齿顶高系数 h_a^*、径向间隙系数 c^*、变位系数 x。

一对渐开线直齿圆柱齿轮啮合的基本参数有：中心距 a'、啮合角 α' 等。

渐开线齿轮的尺寸和各参数之间存在一定对应关系如下。

1) 公法线长度与模数和压力角的关系

由渐开线性质可知，齿廓间的公法线长度 $\overline{AC}$ 与所对应的基圆上的弧长 $\overgroup{ac}$ 相等，如图7.2所示。根据这一性质，分别跨过 n 个和 $n+1$ 个齿测公法线长度为 W_n 和 W_{n+1}。

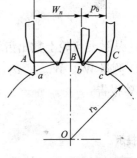

由

$$\begin{cases} W_n = (n-1)p_b + s_b \\ W_{n+1} = np_b + s_b \end{cases} \quad (7-1)$$

得：

$$p_b = W_{n+1} - W_n = \pi m \cos\alpha$$

根据求得的基圆齿距 p_b 后，可按下式算出模数：

图7.2 公法线长度测量

$$m = \frac{p_b}{\pi\cos\alpha} \quad (7-2)$$

因为 m 和 α 都已标准化，而 α 可能是 $20°$，也可能是 $15°$，故分别用这两个 α 值分别代入式(7-2)算出两个模数。取其模数接近于标准模数的一组 m 和 α，即为被测齿轮的模数和压力角。

2) 基圆齿厚与变位系数的关系

被测齿轮如果是变位齿轮，变位系数 $x \neq 0$，由式(7-1)可知

$$s_b = W_{n+1} - np_b$$

又因为

$$\begin{cases} s_b = s\cos\alpha + 2r_b\text{inv}\alpha \\ s = \dfrac{\pi m}{2} + 2xm\tan\alpha \end{cases}$$

放

$$x = \frac{\dfrac{s_b}{m\cos\alpha} - \dfrac{\pi}{2} - z \cdot \text{inv}\alpha}{2\tan\alpha}$$

3) 齿根圆直径与齿顶高系数 h_a^* 和径向间隙系数 c^* 之间的关系

利用齿根高公式

$$h_f = m(h_a^* + c^* - x)$$

和
$$h_f = \frac{1}{2}(d - d_f) = \frac{mz - d_f}{2}$$

如果测量出齿根圆直径 d_f，仅 h_a^*、c^* 为未知，故可分别用 $h_a^* = 1$、$c^* = 0.25$ 和 $h_a^* = 0.8$，$c^* = 0.3$，两组代入，符合等式的一组，即为所求的值，便可确定 h_a^* 和 c^*。

4）中心距 a' 与啮合角 α' 的关系

一对相啮合的齿轮，用上述方法分别确定其模数 m，压力角 α 和变位系数 x_1、x_2 后，根据无侧隙啮合方程可以算出齿合角 α' 和中心距 a'。

$$\text{inv}\alpha' = \frac{2(x_1 + x_2)}{z_1 + z_2} \cdot \tan\alpha + \text{inv}\alpha \tag{7-3}$$

$$a' = \frac{1}{2}m(z_1 + z_2)\frac{\cos\alpha}{\cos\alpha'} \tag{7-4}$$

安装中心距误差，实验时可用游标卡尺直接测定这对齿轮的实际中心距 a''，并与计算中心距 a' 进行比较，从而得安装中心距误差 $a'' - a'$ 的值。

7.4 实 验 步 骤

（1）从被测齿轮上数出齿轮的齿数，填入实验报告。

（2）测量 W_n、W_{n+1}、d_f，对每一个尺寸测量三次，取其平均值作为测量结果，分别填入实验报告。

提示

◇ 为了使卡尺的两个卡脚能与齿廓的渐开线部分相切，跨齿数 n 可按被测齿轮的齿数由下式计算：

$$n = \frac{\alpha}{180°}z + 0.5$$

或直接由表 7-1 查出。

表 7-1 测量公法线时的跨齿数

齿轮齿数 z	12～18	19～27	28～36	37～45	46～54	55～63	64～72	73～81
跨齿数 n	2	3	4	5	6	7	8	9

（3）齿根圆直径 d_f 的测量，对偶数齿与奇数齿的测量方法是不同的，具体的测量方法如图 7.3、图 7.4 所示。

① 当齿数 z 为偶数时，齿根圆直径 d_f 可以直接如图 7.3 所示方法测量。

② 当齿数 z 为奇数时，齿根圆直径的测量方法如图 7.4 所示。

$$d_f = d_k + 2k$$

（4）计算 m、α、x、h_a^* 和 c^*，将计算公式及计算值填入实验报告。

（5）测量中心距 a''，并与计算值 a' 相比较，将安装中心距误差 $a'' - a'$ 的值填入实验报告。

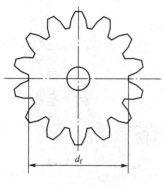

图 7.3　齿数 z 为偶数

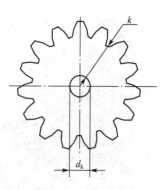

图 7.4　齿数 z 为奇数

7.5　齿轮测量技术的发展

　　齿轮测试技术有两类，一类基于曲面上的点、线概念，用仪器形成理论轨迹测量实际曲线上点的偏差；另一类是依据齿轮误差对性能的影响，通过测量工件和测量元件间的啮合运动偏差得出齿面几何误差信息。前一类测量方法称之为点轨迹法，后一类称之为啮合运动法。

　　第一代点轨迹法的齿轮仪器主要采用精密机械机构实现理论轨迹，由机械测微表测得误差。第二代则引进计算机技术对测得的曲线进行分析，是将第一代仪器改为光学读数定位和调整，由电感等测微仪记录误差，典型的仪器有 3201 渐开线检查仪、德国 Klingelnberg PWF250 滚刀检查仪和瑞士 MAGG 生产的 SP60 齿轮测量仪等。第三代产品是在设备中植入了 CNC 技术，如德国 Carl Zeiss 公司生产的 ZMC550 型齿轮测量中心，德国 Klingelnberg 公司的 PNC 系列等，如图 7.5 所示，美国 M&M 公司的 3102，3025 系列，德国 Hofler 公司的 EMZ 和 ZME 系列产品。如图 7.5 和图 7.6 所示。

图 7.5　Klingelnberg 数控齿轮检测中心 P 300

图 7.6   德国 Leitz 三坐标测量仪 PMM - G 60. 30. 20

20 世纪 60 年代我国首创了间齿蜗杆单面啮合测试技术，后又提出齿轮啮合分离测试技术，运用于锥齿轮测量，开发出能测量齿形、齿向、齿距和切向综合误差的锥齿轮整体误差测量机，并推广到圆柱齿轮、蜗轮副测量仪上，形成了间齿式齿轮啮合检查仪系列产品。随着光电技术的进步，双啮仪出现，并逐步发展成齿轮自动分选机，这种分选机具有自动装料、清洗、测量尺寸、双啮测量和分选功能，并运用计算机进行统计分析，它主要应用在汽车齿轮大批量生产线中。

随着齿轮测量仪器设备在测量原理、方法手段、数据综合分析、反馈能力水平上的提高与发展，齿轮测量技术已经成熟到可以在线进行测量，如图 7.7 和图 7.8 所示，这一技术的进步大大提高了生产效率和一次成型的可靠度、减少了精密齿轮的损伤。

图 7.7   齿轮在线检测

图 7.8   激光跟踪仪检测

1. 决定齿廓形状的参数有哪些？

2. 测量时，卡尺的量足若放在齿廓的渐开线部分的不同位置上，对所测定的 W_n 和 W_{n+1} 有无影响？为什么？

3. 同一模数、齿数、压力角的标准齿轮的公法线长度是否相等？基节是否相等？为什么？

4. 齿轮的哪一些误差会影响本实验的测量精度？

5. 在测量齿根圆直径 d_f 时，对偶数齿与奇数齿的齿轮在测量方法上有什么不同？

实　验　报　告

"渐开线直齿圆柱齿轮参数测量实验"实验报告

姓名_____　学号_____　班级_____　实验日期_____　指导教师_____

一、测量和计算数据

齿轮编号										
项目	单位	测量数据			平均值	测量数据			平均值	计算公式
		1	2	3		1	2	3		
齿数 z										
跨齿数　n										
$n+1$										
W_n										
W_{n+1}										
基圆齿距 p_b										
模数 m										
压力角 α										
基圆齿厚 S_b										
变位系数 x										
根圆直径 d_f										
齿轮孔径 d_k										
齿顶高系数 h_a^*										
径向间隙系数 c^*										
计算中心距 a'										
齿合角 α'										
实际测量中心距 a''		第1次测量值	第2次测量值	第3次测量值		平均测量值				
中心距误差 $a''-a'$										

二、思考题讨论

看见我动脑筋的样子了吗？

第8章
机械运动参数测定实验

实验要求和目的

> 了解机械运动参数测定实验装置的结构、工作原理；
> 了解光电脉冲编码器、同步脉冲发生器的基本原理和使用方法；
> 比较曲柄滑块机构与曲柄导杆机构的性能差异；
> 比较不同凸轮廓线或接触副，对凸轮直动从动杆运动规律的影响。

8.1 实验内容及实验设备

1. 实验内容

（1）曲柄滑块运动机构从动件运动参数及曲柄转速不匀率的测试测定。
（2）曲柄导杆机构从动件运动参数测定。
（3）平底直动从动杆凸轮机构推杆运动参数测定。
（4）滚子直动从动杆凸轮机构推杆运动参数测定。

2. 实验设备

机械运动参数测定实验台如图8.1所示，它由以下5部分组成。

图 8.1 机械运动参数测试设备

（1）实验机构。
（2）光电脉冲编码器。
（3）角度传感器(同步脉冲发生器)。
（4）单片机控制系统(QTD-Ⅲ型组合机构实验仪)。
（5）数据处理及输出系统(包括计算机、显示器、打印机和转速显示仪)。

8.2 实验系统工作原理

实验系统示意框图如图8.2所示，实验机构可以组装成如图8.3所示的曲柄滑块机构、曲柄导杆机构、平底直动从动杆凸轮机构、滚子直动从动杆凸轮机构。曲柄由直流调速电机驱动，电机可在0～3000r/min范围作无级调速，经蜗杆蜗轮减速器减速后，机构原动件转速为0～100r/min。利用往复运动的滑块推动光电脉冲编码器，输出与滑块位移相当的脉冲信号，经测试仪处理后将可得到滑块的位移、速度及加

机械设计基础实验及机构创新设计

速度。

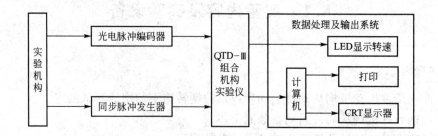

图 8.2　机械运动参数测定实验系统框图

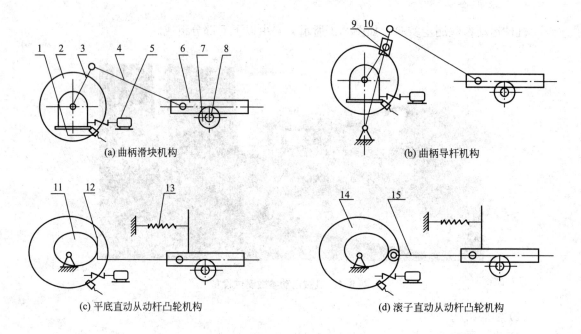

图 8.3　四种实验机构的示意简图

1—同步脉冲发生器；2—蜗轮蜗杆减速器；3—曲柄；4—连杆；5—电机；6—滑块；
7—齿轮；8—光电编码器；9—导块；10—导杆；11—凸轮；12—平底直动从动件；
13—回复弹簧；14—光栅盘；15—滚子直动从动件

　　QTD-Ⅲ型组合机构实验仪器如图 8.4 所示，图 8.4(a)为正面示意图，图 8.4(b)为背面示意图。实验仪外扩 16 位计数器，接有 3 位 LED 显示数码管可实时显示机构运动时的曲柄轴的转速，同时可与 PC 进行异步串行通信。

　　实验机构运动时，滑块的往复移动通过光电脉冲编码器转换输出具有一定频率(频率与滑块往复速度成正比)、0～5V 电平的两路脉冲，接入微处理器外扩的计数器计数，通过微处理器进行初步处理运算并送入计算机，通过软件系统处理在屏幕上可显示出相应的数据和运动曲线图。机构中还有两路信号，即角度传感器送出的两路脉冲信号，送入单片机最小系统，其中一路是码盘角度脉冲，用于定角度采样，获取机构运动曲线；另一路是零位脉冲,用于标定采样数据时的零点位置。机构的速度、加速度数值由位移经数值微分和数字滤波得到。

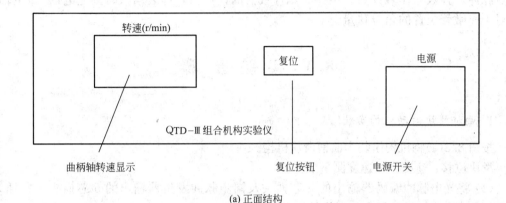

(a) 正面结构

(b) 背面结构

图8.4 QTD-Ⅲ组合机构实验仪器

光电脉冲编码器是采用圆光栅通过光电转换将轴转角位移转换成电脉冲信号的器件,它的结构原理如图8.5所示。光电盘和光栏板成有一组径向光栅,光栏板上有两组透光条纹,用玻璃材料经研磨、抛光制成的,光电盘上用照相腐蚀法制每组透光条纹后都装有一个光敏管,它们与光电盘透光条纹的重合性差1/4周期。光源发出的光线经聚光镜聚光后变为平行光,当主轴带动光电盘一起转动时,光敏管就接收到光线亮、暗变化的信号,引起光敏管所通过的电流发生变化,输出两路相位差90°的近似正弦波信号,它们经放大、整形后得到两路相差90°的主波。一路信经微分后加到两个与非门输入端作为触发门信号;另一路经反相器反相后得到两个相反的方波信号,分送到与非门剩下的两个输入端作为门控信号,与非门的输出端即为光电脉冲编码器的输出信号端,可与双时钟可逆计数的加、减触发端相接。当编

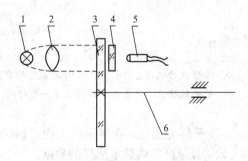

图8.5 光电脉冲编码器结构原理图
1—发光体;2—聚光镜;3—光电盘;
4—光栏板;5—光敏管;6—主轴

码器转向为正时(如顺时针),微分器取出前者的前沿 A,与非门 1 打开,输出一负脉冲,度数器作加计数;当转向为负时,微分器取出其另一前沿 B,与非门 2 打开,输出一负脉冲,计数器作减计数。某一时刻计数器的计数值,即表示该时刻光电盘(即主轴)相对于光敏管位置的角位移量。

8.3 实 验 步 骤

1. 曲柄滑块运动机构实验

按图 8.3(a)将机构组装为曲柄滑块机构。

滑块位移、速度、加速度测量如下。

(1) 将光电脉冲编码器输出的 5 芯插头及同步脉冲发生器输出的 5 芯插头分别插入 QTD-Ⅲ组合机构实验仪上相对应接口上。

(2) 打开实验仪上的电源,此时带有 LED 数码管显示的面板上将显示"0"。

(3) 顺时针转动调速电位器起动机构,显示面板上实时显示曲柄轴的转速,待机构运转正常后,便可在计算机上进行操作。

提示

 ◇ 接通电源前应将电机调速电位器逆时针旋转至最低速位置。
 ◇ 调速时应使转速缓慢变化至所需的值(否则易烧断保险丝)。

(4) 选择好串口,并在弹出的采样参数设置区内选择相应的采样方式和采样常数。你可以选择定时采样方式,采样的时间常数有 10 个选择档(分别是:2ms、5ms、10ms、15ms、20ms、25ms、30ms、35ms、40ms、50ms),如选采样周期为 25ms;你也可以选择定角采样方式,采样的角度常数有 5 个选择档(分别是:2°、4°、6°、8°、10°),如选每隔 4°采样一次。

(5) 在"标定值输入框"中输入标定值 0.05。

(6) 按下"采样"按键,开始采样。

提示

 ◇ 实验仪对机构运动采样,并回送采集的数据给计算机,计算机对收到的数据进行处理,得到滑块的位移值,完成这一过程需要一些时间。

(7) 采样完成后,在界面将出现"运动曲线绘制区",绘制当前的位移曲线且在左边的"数据显示区"内显示采样的数据。

(8) 按下"数据分析"键,"运动曲线绘制区"逐渐加绘出相应的速度和加速度曲线。同时在左边的"数据显示区"内增加各采样点的速度和加速度值。

(9) 打开打印窗口,可以打印数据和运动曲线。

转速及回转不匀率的测试如下。

(1) 同滑块位移、速度、加速度测量步骤的(1)～(5)。

(2) 选择好串口,单击"数据采集",在弹出的采样参数设计区内,选择最右边的一栏,角度常数选择有5挡,选择一个你想要的一挡,如选择"6°"。

(3) 同"滑块位移、速度、加速度测量"步骤的(7)～(9),不同的是"数据显示区"不显示相应的数据。

(4) 打印。

2. 曲柄导杆滑块运动机构实验

按图8.3(b)组装实验机构,按上述实验步骤操作,比较曲柄滑块机构与曲柄导杆滑块机构运动参数的差异。

3. 平底直动从动杆凸轮机构实验

按图8.3(c)组装实验机构,按上述实验操作步骤,检测其从动杆的运动规律。

4. 滚子直动从动杆凸轮机构实验

按图8.3(d)组装实验机构,按上述实验操作步骤,检测其从动杆的运动规律,比较平底接触与滚子接触运动特性的差异。

调节滚子的偏心量,分析偏心位移变化对从动杆运动的影响。

提示

◇ 凸轮转速应控制在 40r/min 以下。

8.4 应用数学软件 MATLAB 进行机构
运动参数理论分析

在工程应用中,机构一般在经过实际运行测试,并满足理论设计的预期目的后才可以投入生产或在生活中使用。为了使机构能够实现预期功能,实测之前首先必须对设计方案进行理论上的运动分析。运用解析法,通过建立数学模型,对机构与机器进行精确的分析和综合,是机械原理学科发展的重要方向,应用数学软件 MATLAB 可以精确、快捷地完成这一工作,在李滨城、徐超老师主编的《机械原理 MATLAB 辅助分析》一书中,详细介绍了如何应用 MATLAB 软件对平面连杆机构、凸轮机构、齿轮机构进行运动分析和力分析,并附有相关的应用实例和程序。例如,本实验中的 2 种平面连杆机构从动件运动特性,如图 8.6、图 8.7 所示,对应的 MATLAB 程序代码见附录Ⅳ。

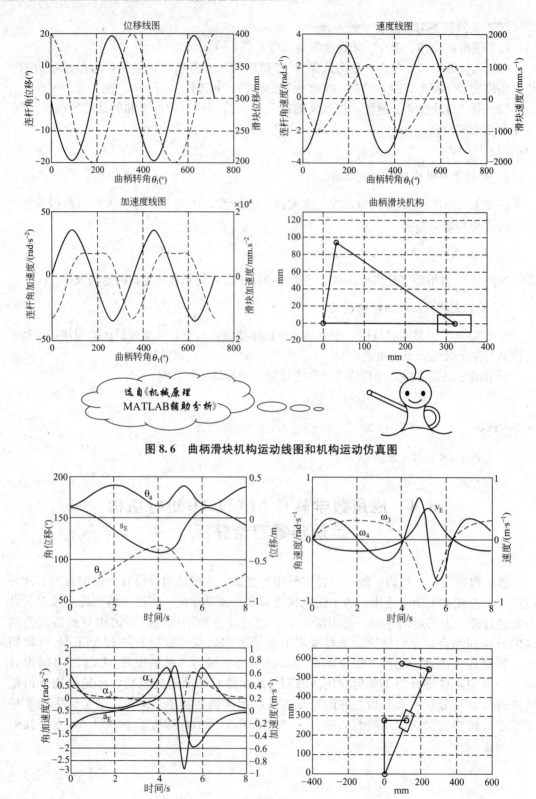

图 8.6　曲柄滑块机构运动线图和机构运动仿真图

图 8.7　曲柄导杆机构运动线图和机构运动仿真图

8.5 机构运动参数测试技术的发展

随着信息技术、新型传感器技术、自动检测数据信息采集传输处理技术、人工智能、工业计算机等技术的发展以及与机械等学科的相互渗透、融合，现代机械运动参数的测试与分析水平也有了巨大更新与提高，它的应用已经遍及工业、交通、航空航天、电力、冶金及国防等各个领域。

思考题

1. 画出所测机构的机构运动简图。
2. 绘出所测机构的实测运动曲线，并结合理论运动规律进行分析。
3. 分析曲柄与连杆的尺寸对滑块运动特性的影响。

实 验 报 告

"机械运动参数测定实验"实验报告

姓名_____学号_____班级_____实验日期_____指导教师_____

一、绘出所测机构的实测运动曲线，并结合理论运动规律进行分析。

二、计算曲柄滑块机构中滑块的速度、加速度、角速度、角加速度的理论值，绘制运动线图，与实测曲线相对比，并分析产生差异的原因。

三、思考题讨论

看见我动脑筋的样子？

第9章
螺栓组及单螺栓连接实验

实验要求和目的

➤ 熟悉 LSC-Ⅱ螺栓组及单螺栓连接静、动态综合实验台的结构；
➤ 掌握螺栓组载荷分布的测定方法；
➤ 掌握螺栓静、动态情况下性能参数的测定方法；
➤ 分析、比较理论计算、实测结果。

9.1 实验内容及设备

1. 实验内容

(1) 螺栓组静载实验。

(2) 单螺栓静载及动载荷实验。

2. 实验设备

螺栓组及单螺栓连接综合实验系统包括 LSC-Ⅱ螺栓组及单螺栓连接静、动态综合实验台(以下简称 LSC-Ⅱ螺栓综合实验台),静、动态电阻应变仪,示波器,装有本实验专用测试分析软件的计算机,打印机,毫伏表,电阻应变片,工作载荷加载吊耳及实验用螺栓。LSC-Ⅱ螺栓综合实验台,如图 9.1 所示,是一个把螺栓组实验装置与单螺栓实验装置组合在一起的一个综合实验平台。右半部分是螺栓组实验装置,左半部分是单螺栓性能测试实验装置。

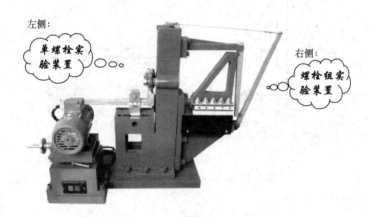

图 9.1 LSC-Ⅱ螺栓综合实验台

9.2 实验台工作原理

9.2.1 螺栓组实验台结构及工作原理

螺栓组实验台如图 9.2 所示,主体由托架 1 和支架 3 用螺栓 2(共 10 个)连接而成,图 9.3 说明了这 10 个螺栓的分布及其编号。砝码的重力通过杠杆(放大 100 倍)传递到托架 1 上,使托架 1 受到一倾覆力矩 M 的作用而产生绕轴线 O-O 翻转的趋势,这一翻转趋势会致使每个连接螺栓的受力发生变化。在每个螺栓对称的两侧贴上电阻应变片(也可以在任一侧贴一片应变片),通过电阻应变仪器和计算机测试软件就可以测得螺栓组的载荷大小及分布。电阻应变片贴片位置及方式如图 9.4 所示,电阻应变片跟测试仪器相连接,导线由图 9.2 所示的导线穿孔 5 穿出。

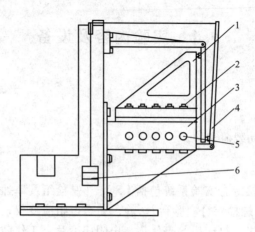

图 9.2 螺栓组实验台结构示意图

1—托架；2—螺栓；3—支架；4—加载杠杆；5—导线穿孔；6—加载砝码

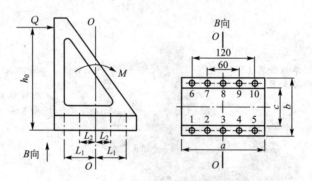

图 9.3 托架螺栓组螺栓分布示意图

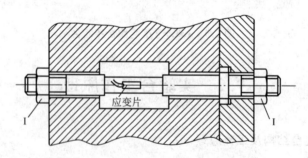

图 9.4 螺栓贴片示意图

 提示

◇ 本实验装置为了免除托架 1 的自重影响，特意把其设计成垂直放置，而在工程实际中水平放置为多见。

1. 螺栓组中各螺栓工作载荷的计算

加砝码后，砝码的重力通过杠杆系统放大为力 Q 作用在托架 1 上，如图 9.3 所示。在力 Q 的作用下，轴线 O-O 左侧的编号为 1、2、6、7 的螺栓进一步被拉伸，而右侧的编号为 4、5、9、10 螺栓被放松。编号为 i 的螺栓中的工作载荷为

$$F_i = \frac{F_{max}}{L_{max}} L_i \qquad (9-1)$$

式中，F_i 为编号为 i 的螺栓轴所受的工作载荷；F_{max} 为最大工作载荷；L_i 为编号为 i 的螺栓轴线到托架 1 底板轴线 O-O 距离；L_{max} 为表示 L_i 中的最大值。

如图 9.3 所示，螺栓中各个工作载荷 F_i 对托架底板产生的力矩之和与倾覆力矩 M 相平衡，

$$M = \sum_{i=1}^{10} F_i L_i \qquad (9-2)$$

由图 9.3 可知，倾覆力矩 $M = Qh_0$，把式（9-1）代入式（9-2），有

$$F_{max} = \frac{ML_{max}}{\sum_{i=1}^{10} L_i^2} = \frac{Qh_0 L_{max}}{\sum_{i=1}^{10} L_i^2} \qquad (9-3)$$

式中，Q 为托架受力点所受的力（N）；h_0 为托架受力点到接合面的距离（mm）。

由于本实验螺栓组中编号为 2、4、7、9 的螺栓距离底板的距离相同，所以我们统一用下标"2"来表示这些螺栓的对应参数，同样螺栓组中编号为 1、5、6、10 的螺栓我们用下标"1"来表示。则编号为 2、4、7、9 的螺栓的工作载荷表示为 F_2，它们距离翻转轴线 O-O 的距离表示为 L_2，同样编号为 1、5、6、10 的螺栓螺栓的工作载荷为 F_1，它们距离翻转轴线 O-O 的距离为 L_1。本实验螺栓组中 F_2 就是 F_{max}，L_1 就是 L_{max}，从而由式（9-3）可得

$$F_2 = \frac{Qh_0 L_1}{4(L_1^2 + L_2^2)} \quad \text{（N）} \qquad (9-4)$$

联合式（9-4）、（9-1）可得

$$F_1 = \frac{Qh_0 L_2}{4(L_1^2 + L_2^2)} \quad \text{（N）} \qquad (9-5)$$

2. 螺栓预紧力的确定

为了保证托架 1 与支架 3 在载荷力 Q 的作用下，接合面处不会因受压小而出现间隙，则接合面处压应力的最小值不能小于零，即

$$\sigma_{Pmin} \approx \frac{zQ_p}{A} - \frac{Qh_0}{W} \geq 0 \qquad (9-6)$$

式中，Q_P 为单个螺栓预紧力（N）；σ_P 为接合面在未加载荷 Q 力前由于预紧力而产生的挤压应力。

$$\sigma_P = \frac{zQ_p}{A}$$

式中，z 为螺栓个数，$z = 10$；A 为接合面面积；W 为接合面抗弯截面模量。

$$W = \frac{a^2(b-c)}{6} \quad (\text{mm}^3) \tag{9-7}$$

因此，
$$Q_P \geqslant \frac{6Qh_o}{Za} \tag{9-8}$$

为了安全性可以取一个安全系数，即

$$Q_P = (1.25 \sim 1.5)\frac{6Qh_o}{Za} \tag{9-9}$$

3. 螺栓组各螺栓工作载荷的实际测量

在轴线 $O-O$ 以左的各螺栓 1、2、6、7 被进一步拉伸，其轴向拉力增大，各螺栓上的总拉力为

$$Q_i = Q_P + F_i \frac{C_b}{C_b + C_m} \tag{9-10}$$

即
$$F_i = (Q_i - Q_P)\frac{C_b + C_m}{C_b} \tag{9-11}$$

而在翻转轴线 $O-O$ 以右的各螺栓 4、5、9、10 螺栓被放松，轴向拉力减小，各螺栓总拉力为

$$Q_i = Q_P - F_i \frac{C_b}{C_b + C_m} \tag{9-12}$$

即
$$F_i = (Q_P - Q_i)\frac{C_b + C_m}{C_b} \tag{9-13}$$

式中，C_b 为螺栓刚度；C_m 为被连接件刚度；$\dfrac{C_b}{C_b + C_m}$ 为螺栓的相对刚度。

为了测得螺栓上所受的力，本实验在螺栓组每个螺栓上都贴有应变片，由材料力学可知

$$\varepsilon = \frac{\sigma}{E} \tag{9-14}$$

式中，ε 为应变量；σ 为应力（MPa）；E 为材料的弹性模量，对于钢制螺栓，取 $E = 2.06 \times 10^5$ MPa。

螺栓预紧后的应变量为

$$\varepsilon_P = \frac{\sigma_P}{E} = \frac{4Q_P}{\pi E d^2} \tag{9-15}$$

则
$$Q_P = \frac{\pi E d^2}{4}\varepsilon_P = K\varepsilon_P \tag{9-16}$$

而当螺栓受载后，第 i 个螺栓上的总应变量为

$$\varepsilon_i = \frac{\sigma_i}{E} = \frac{4Q_i}{\pi E d^2} \tag{9-17}$$

则
$$Q_i = \frac{\pi E d^2}{4}\varepsilon_i = K\varepsilon_i \tag{9-18}$$

式中，d 为被测处螺栓直径（mm）。

把式（9-16）、（9-18）代入式（9-11）、（9-13）即可得到各个螺栓上的实测工作力。

在翻转轴线 $O-O$ 以左的各螺栓 1、2、6、7 号螺栓的工作拉力为

$$F_i = K\frac{C_b + C_m}{C_b}(\varepsilon_i - \varepsilon_P) \tag{9-19}$$

在翻转轴线 $O\text{-}O$ 以右的各螺栓 4、5、9、10 的工作拉力为

$$F_i = K \frac{C_b + C_m}{C_b}(\varepsilon_P - \varepsilon_i) \tag{9-20}$$

9.2.2 单螺栓实验台结构及工作原理

单螺栓实验台即图 9.1 所示实验台左半部分，其结构如图 9.5 所示。被测单螺栓 2 一端连接在吊耳 6 上，另一端用紧固螺母 1 与机座 11 相连。电机 8 的轴上装有偏心轮 9，加载杠杆 7 套在吊耳 6 中，一端支撑在偏心轮上，另一端连接在调整螺杆 4 上。

旋动调整螺母 5，可调整螺杆 4 与加载杠杆 7 的位置，使得吊耳 6 受拉伸载荷的作用。电机轴带动偏心轮转动使吊耳和被测单螺栓 2 上受到一个周期性变化的拉力，调节丝杆 10 可以改变电机的位置，从而改变被测单螺栓 2 中拉力的幅值。

改变吊耳下垫片 3 的材料，可以改变螺栓连接的相对刚度。被测单螺栓 2 和吊耳上贴有电阻应变片，当螺栓的受力发生变化时，通过电阻应变片用电阻应变仪便可测得螺栓中的所受载荷。

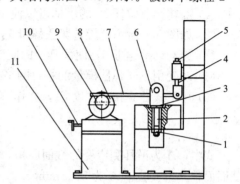

图 9.5　实验台单螺栓部件结构示意图
1—紧固螺母；2—单螺栓(被测)；3—垫片；
4—调整螺杆；5—调整螺母；6—吊耳；
7—加载杠杆；8—电机；9—偏心轮；
10—调节丝杆；11—机座

提示

➤ 电阻应变仪：系统连接后打开电源，对电阻应变仪进行预热后再调平衡。
➤ LSC-Ⅱ螺栓组及单螺栓综合实验仪：系统正确连接后打开实验仪电源，预热 5min 以上再进行较零等实验操作。

9.3　实验方法及实验步骤

1. 螺栓组实验

(1) 在不加任何预紧力的状态下，将实验台螺栓组各螺栓上的电阻应变片的连接线 (1~10 号线)接到电阻应变仪的预调平衡箱上，并按应变仪使用说明书进行预调(预热并调零)。

(2) 由式(9-9)计算每个螺栓所需的预紧力 Q_P，并由式(9-15)计算出螺栓的预紧应变量 ε_P，并把数值填入表 9-1 中。

(3) 按式(9-4)、(9-5)计算每个螺栓的工作拉力 F_i，将结果填入下表 9-1 中。

(4) 对螺栓组每个螺栓进行预紧，各螺栓应交叉预紧，使各螺栓预紧应变约为 ε_P，为使每个螺栓中的预紧力尽可能一致，必须反复调整 2~3 次。

(5) 对螺栓组连接进行加载，加载 3500N，其中砝码连同挂钩的重量为 3.754kg。停

歇 2min 后卸去载荷，然后再加上载荷，在应变仪上读出每个螺栓的应变量 ε_i，填入表 9-2 中，反复做 3 次，取 3 次测量值的平均值作为实验结果。

（6）画出实测的螺栓应力分布图。

2. 单个螺栓实验

1）单个螺栓静载实验

（1）旋转调节丝杆 10 的手柄可以使小溜板移动至最外侧位置。

（2）如图 9.5 所示，旋转紧固螺母 1，预紧被测单螺栓 2，使预紧应变为 $\varepsilon_1 = 500\mu\varepsilon$。

（3）旋动调整螺母 5，使吊耳上的应变片产生 $\varepsilon = 50\mu\varepsilon$ 的恒定应变。

（4）改变用不同弹性模量的材料的垫片，重复上述步骤，记录螺栓总应变 ε_0。

（5）用下式计算相对刚度 C_e，并作不同垫片结果的比较分析。

$$C_e = \frac{\varepsilon_0 - \varepsilon_1}{\varepsilon} \frac{A'}{A}$$

式中，A 为吊耳测应变的截面面积，本实验中 A 为 224mm^2；A' 为实验螺杆测应变的截面面积，本实验中 A' 为 50.3mm^2。

2）单个螺栓动载实验

（1）首先安装好吊耳下的钢制垫片。

（2）预紧被试单螺栓 2，使预紧应变量仍为 $\varepsilon_1 = 500\mu\varepsilon$。

（3）调整加载偏心轮位置到最低点，并通过旋动调整螺母 5，使吊耳应变量 $\varepsilon = 5 \sim 10\mu\varepsilon$。

（4）启动小电机来驱动加载偏心轮，通过加载杠杆 7 给实验螺栓加载。

（5）分别将 11 号线、12 号线信号接入示波器，并根据测得波形读出螺栓的应力幅值和动载荷幅值，也可用毫安表读出幅值。

（6）取下吊耳下钢垫片换上环氧垫片，并移动电机位置以调节动载荷大小，使动载荷幅值与用钢垫片时相一致。

（7）再读出此时的螺栓应力幅值和动载荷幅值。

（8）比较分析不同垫片下螺栓应力幅值与动载荷幅值的变化。

（9）最后卸去实验装置的所有载荷。

接微机的实验方法及步骤见附录。

9.4 螺纹连接的类型、发展及在工程实际中的使用

螺纹连接的基本类型有螺栓连接、双头螺柱连接、螺钉连接、紧定螺钉连接，除这四种基本的螺纹连接型式外，还有相对专用的地脚螺栓连接、吊环螺栓连接、T 形槽螺栓连接等。目前在一些工程实际场合中化学螺栓的使用也尤为特出，比如相对于地脚螺栓需要预埋、浇筑水泥地基、工期也较长，而若使用化学螺栓就可以解决这些问题，化学螺栓具有锚固力强、形同预埋、安装快捷，凝固迅速，节省施工时间的显著特点，而且化学螺栓安装后也无膨胀应力。

随着机械工业的发展，生产实际中对螺栓的强度提出了更高的要求，比如汽车发动机

上用的螺栓就承受着高强的交变应力，所以高强度螺栓的使用也是提高汽车质量的标志之一。随着钢铁材料科学的研究取得了巨大的成就，人们开发出了一系列的新型高强度螺栓用钢，国内外都有一定的生产量，这也为生产高强度螺栓提供了保证，目前人们正在进行超高强度螺栓钢材的研究及生产以满足工业实际的需求。

 思 考 题

1. 翻转中心不在 3 号、8 号位置，说明什么问题？
2. 被连接件刚度与螺栓刚度的大小对螺栓的动态应力颁布有何影响？
3. 理论计算和实验所得结果之间的误差，是由哪些原因引起的？

实 验 报 告

"螺栓组及单螺栓连接实验"实验报告

姓名_____学号_____班级_____实验日期_____指导教师_____

已知数据 $Q=3500N$；$h_0=210mm$；$L_1=30mm$；$L_2=60mm$；$a=160mm$；$b=105mm$；$c=55mm$

一、螺栓组实验数据记录

表9-1　计算得出螺栓上的预紧力及工作力

项目　螺栓号	1	2	3	4	5	6	7	8	9	10
螺栓预紧力 Q_P										
螺栓预紧应变量 $\varepsilon_P \times 10^6$										
螺栓工作力 F_i										

表9-2　实验实测螺栓上的受力

项目　螺栓号		1	2	3	4	5	6	7	8	9	10
螺栓总应变量	第一次测量										
	第二次测量										
	第三次测量										
	平均数										
工作拉力 F_i											

二、单螺栓实验数据记录

$\varepsilon_1=$_____；ε(吊耳)$=$_____

表9-3　相对刚度测试

垫片材料	钢片	环氧片
ε_0		
相对刚度 C_e		

表9-4　单个螺栓动载实验数据

垫片材料		钢片	环氧片
ε_1			
动载荷幅值/mV	示波器		
	毫伏表		
螺栓应力幅值/mV	示波器		
	毫伏表		

三、画出实测的螺栓应力分布图。

四、思考题讨论

看见我动脑筋的样子了吗?

第10章
机械传动性能综合测试实验

实验要求和目的

- ➤ 了解本实验装置的结构特点、测试方式及工作原理；
- ➤ 掌握转速、力矩、传动功率和传动效率等机械传动性能参数测试的基本原理和方法；
- ➤ 了解机械传动合理布置的基本要求；
- ➤ 了解不同传动装置的组合可以产生的不同机械传动性能；
- ➤ 学会分析机械传动装置的传动性能。

10.1　实验内容及实验设备

1. 实验内容

(1) 从表 10-1 中选择实验任务，自主设计满足要求的机械传动系统，并写出实验方案书。

表 10-1　实验任务

实验类别	编号	实验内容	实验对象
A 类 （基本认知实验） 典型机械传动 装置性能测试	A1	带传动	机械类或近机类专业 本科生课程学习
	A2	链传动	
	A3	圆柱齿轮减速器	
	A4	蜗杆减速器	
	A5	摆线针轮减速器	
	A6	同步带传动	
B 类（机械系统参数 测试实验） 组合传动系统性能 测试分析	B1	V 带传动-圆柱齿轮减速器	机械类本科生课程学习 及课程设计
	B2	同步带传动-圆柱齿轮减速器	
	B3	链传动-圆柱齿轮减速器	
	B4	带传动-蜗杆减速器	
	B5	链传动-蜗杆减速器	
	B6	V 带传动-链传动	
	B7	V 带传动-摆线针轮减速器	
	B8	链传动-摆线针轮减速器	
C 类（创新实验）		根据学生设计创新的机械系统，测量系统各项运动与动力参数，测定整体传动效率。	机械类本科生课程设计 及研究生的工程设计实验

(2) 按照所设计传动系统的组成方案在综合实验台上搭接机械传动性能综合测试系统，并进行主电机转速一定载荷变化的性能测试及绘制性能参数曲线（转速曲线、转矩曲线、传动比曲线、功率曲线及效率曲线等）。

(3) 根据测试结果分析传动系统设计方案。

如果选择典型机械传动装置性能测试实验，可从 V 带传动、同步带传动、套筒滚子链传动、圆柱齿轮减速器、蜗杆减速器中，如表 10-1 所示。选择 1～2 种进行传动性能测试实验；选择组合传动系统布置优化实验，则要确定选用的典型机械传动装置及其组合布置方案，并进行方案比较实验。

2. 实验设备

实验台采用模块化结构，由不同种类的机械传动装置、联轴器、变频电机、加载装置和工控机等模块组成，实验台各硬件组成部件的结构布局如图 10.1 所示。

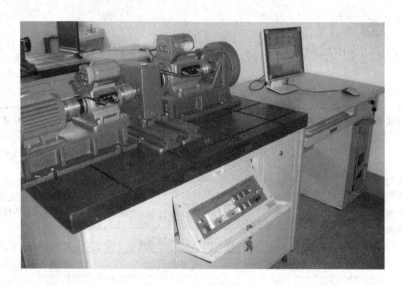

(a) 实验台外形

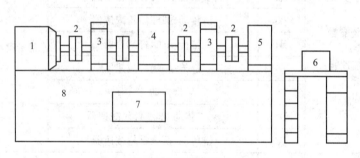

(b) 实验台的结构示意图

图 10.1　机械传动性能综合测试实验台

1—变频调速电机；2—联轴器；3—转矩转速传感器；4—传动装置(即试件)；
5—加载与制动装置；6—工控机；7—电器控制柜；8—台座

图中的传动装置包括直齿圆柱齿轮减速器、摆线针轮减速器、蜗杆减速器、V 形带、齿形带、套筒滚子链。学生可以根据选择或设计的实验类型进行传动连接、安装调试和测试，完成对应的设计性实验、综合性实验或创新性实验。

实验台采用自动控制测试技术设计，所有电机程控起停，转速程控调节，负载程控调节，用扭矩测量卡替代扭矩测量仪，整台设备能够自动进行数据采集处理，自动输出实验结果。

10.2 工 作 原 理

在机械传动中，输入功率应等于输出功率与机械内部损耗功率之和，利用仪器测出被测试对象的输入转矩和转速，以及输出转矩和转速，就可以计算出传动效率。

机械传动性能综合测试实验台的工作原理如图10.2所示，变频电机将动力和运动经联轴器Ⅰ、扭转传感器Ⅰ、联轴器Ⅱ传递给机械传动装置（试件），再经联轴器Ⅲ、扭转传感器Ⅱ、联轴器Ⅳ传递给磁粉制动器。扭转传感器Ⅰ的信号输入到扭矩测量卡Ⅰ，测出输入扭矩和转速。扭转传感器Ⅱ的信号输入到扭矩测量卡Ⅱ，测出输出扭矩和转速。

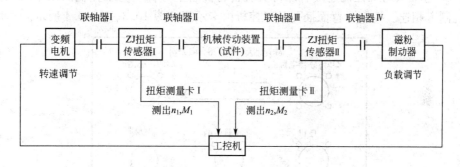

图 10.2 实验台的工作原理

10.3 实 验 步 骤

（1）打开实验台电源总开关和工控机电源开关；

（2）单击【Test】显示测试控制系统主界面，熟悉主界面的各项内容；

（3）键入实验教学信息标：实验类型、编号、小组编号、实验人员、指导老师、实验日期等；

（4）单击【设置】，确定实验测试参数：转速 n_1、n_2 扭矩 M_1、M_2 等；

（5）单击【分析】，确定实验分析所需项目：曲线选项、绘制曲线、打印表格等；

（6）启动主电机，进入【实验】。

提示

➢ 当电动机转速接近同步转速后进行加载，加载时要缓慢、平稳。

➢ 数据显示稳定后即可进行数据采样。分级加载，分级采样。

（7）从【分析】中调看参数曲线，确认实验结果；

（8）打印实验结果；

（9）结束测试。注意逐步卸载，关闭电源开关。

10.4 实验台线路连接与操作方法

1. 实验台各部分线路连接

先接好工控机、显示器、键盘和鼠标之间的连线；将主电机、主电机风扇、磁粉制动器、ZJ50 传感器（辅助）电机与控制台连接，其插座位置在控制台背面，如图 10.3 所示。输入端 ZJ10 传感器的信号口Ⅰ、Ⅱ接入工控机内卡 TC-1（300H）信号口Ⅰ、Ⅱ，输出端 ZJ50 传感器的信号口Ⅰ、Ⅱ接入工控机内卡 TC-1（340H）信号口Ⅱ，如图 10.4 所示。将控制台 37 芯插头与工控机连接、即将实验台背面右上方标明为工控机的插座与工控机内 D/A 控制卡相连。控制台背面插孔及工控机内卡示意如图 10.3、图 10.4 所示。

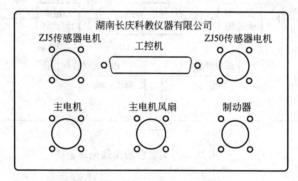

图 10.3 控制台背面插孔示意图

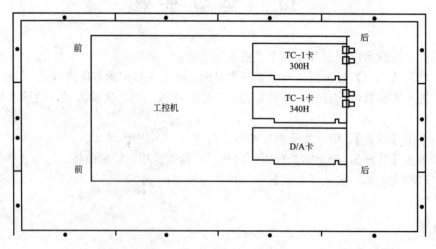

图 10.4 工控机内卡示意图

2. 实验操作方法

（1）搭接实验装置前，应仔细阅读本实验台的使用说明书，熟悉各主要设备的性能、参数及使用方法，正确使用仪器设备及测试软件。

（2）搭接实验装置时，由于电动机、被测传动装置、传感器、加载器的中心高度不一致、组装、搭接时应选择合适的垫板、支承板、联轴器，调整好设备的安装精度，以使测量的数据精确。

（3）在搭接好实验装置后，用手驱动电机轴，如果装置运转自如，即可接通电源，开启电源进入实验操作。否则，应重调各连接轴的中心高、同轴度，以免损坏转矩转速传感器。

本实验台可进行手动及自动操作，手动操作可通过按动实验台正面控制面板上的按钮，如图 10.5 所示，即可完成实验全过程。

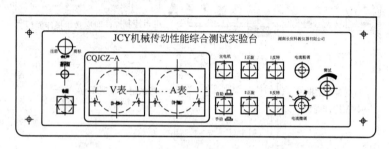

图 10.5 实验台正面控制面板示意图

图中：

电源：接通、断开电源及主电机冷却风扇。

自动-手动：选择操作方式。

主电机：开启、关闭变频电机。

Ⅰ正转：输入端 ZJ10 型传感器电机正向转动的开启、关闭。

Ⅰ反转：输入端 ZJ10 型传感器电机反向转动的开启、关闭。

Ⅱ正转：输出端 ZJ50 型传感器电机正向转动的开启、关闭。

Ⅱ反转：输出端 ZJ50 型传感器电机反向转动的开启、关闭。

电流粗调：FZ50 型磁粉制动器加载粗调。

电流微调：FZ50 型磁粉制动器加载微调。

3. 测试软件

双击桌面上的【Text】，进入测试主界面。如图 10.6 所示，主要由下拉菜单、电机控制操作面板、数据操作面板及显示面板组成。

1）数据操作面板

它用于对被测参数数据库和测试记录数据库进行操作。

2）电机控制操作面板

（1）电机转速调节框▢。

自动操作时使用，通过调节此框内数值可改变主电机的转速，调节范围为 0～1500。

（2）被测参数装入按钮▢。

根据被试件参数数据库表格中的【实验编号】，装入与编号相符的实验数据，并在下面表格中显示。每次实验前，必须执行此操作，否则，程序将报错或无法记录数据。

（3）测试参数自动采样按钮▢。

实验台开始运行后，按下此按钮后，计算机将自动进行采样并记录下采样点的各参数，用户对数据的采样无须干预。自动操作时，还同时起开启主电机的作用。

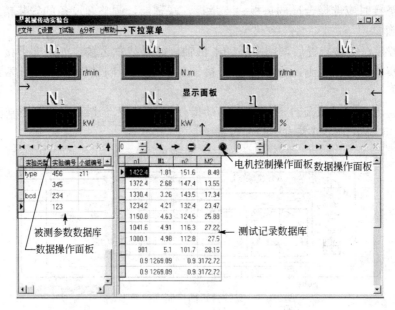

图 10.6　主界面

（4）停止采样按钮。

按下此按钮，计算机停止对实验数据进行采样，在自动操作时，还同时起停止主电机的作用。

（5）手动采样按钮。

在整个实验期间，用户必须在认为需要采集数据的时刻按下此按钮，计算机会将该时刻采集的实验数据填入下面表格中显示并等待用户进行下一个采样点的采样。

（6）主电机电源开关。

此键不可用。

（7）电机负载调节框。

在此框内输入加载值后，按下调载按钮，进行不同电机不同负载的调节。

3）下拉菜单

（1）【设置】菜单。

设置菜单对本实验台有效的菜单项包括【基本实验常数】/【选择测试参数】/【设定转矩转速传感器参数】。

① 设置基本实验常数。

弹出对话框如图 10.7(a)所示，报警参数限制各参数的上下限数值，根据实际情况而定；采样周期的具体大小由采样总时间而定，譬如采样 2min 一般设置为 1000ms 已经足够，采样周期主要影响采样曲线以时间为 X 轴时点的隔距离。

② 设置实验时应显示的测试参数。

设置实验中需要在操作面板上显示的测试参数，如图 10.7(b)所示。勾选：n_1 输入转速，M_1 输入转矩，n_2 输出转速，M_2 输出转矩，及 η 效率，i 速比 $n_1 : n_2$。

③ 设置扭矩传感器参数。

选择【设定扭矩传感器参数】，弹出对话框如图 10.8 所示。

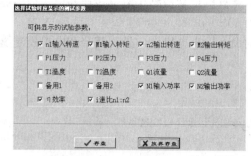

(a)【设置报警参数】对话框   (b)【选择实验时应显示的测试参数】界面

图 10.7   设置基本实验常数

其中，系数、扭矩量程及齿数直接从传感器上得到，本实验中该数据不变；每次实验台重新安装时需要扭矩调零。扭矩调零时，启动小电机，按下钥匙按钮便可自动调零。

提示

➢ 此时小电机转向必须和主电机转向相反。

（2）【试验】菜单。

保证小电机转向和主电机转向相反的步骤：单击【实验】菜单，如图 10.9 所示，启动小电机(方向任意)，接着单击【开始采样】按钮，待数据稳定后记下显示窗口的 n_1 和 n_2 的读数。然后在电机控制操作面板上增加主电机的转速，同时观察显示窗口的 n_1 和 n_2 的读数变化，若增加，则说明小电机转向与主电机转向相反，否则，改变小电机的转向，直至与主电机转向相反。

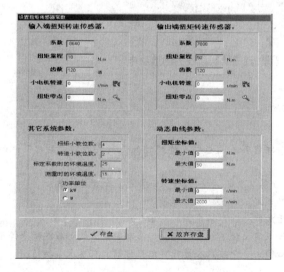

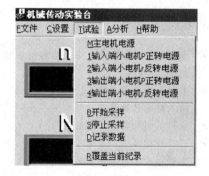

图 10.8 【设置扭矩传感器参数】对话框   **图 10.9   主菜单【试验】的下拉菜单**

当主轴转速小于 $100r/min$ 时，需要启动小电机，所以需要设置小电机转速。在保证小电机转向与主电机转向相反的情况下，主电机静止，启动传感器上小电机，按下小电机旁的按钮，计算机自动检测小电机转速并填入框内（当主轴转速大于 100r/min 时，小电机转速设置为 0）。

这里的命令除小电机转向外，其余和电机控制操作面板上的按钮等效。

提示

➤ 此处主电机电源按钮不起作用。

（3）【分析】菜单。

如图 10.10 所示，包括设置曲线选项、绘制曲线、打印实验表格和设置打印机等，用户可根据实验需要，选择要绘制的曲线并打印结果。

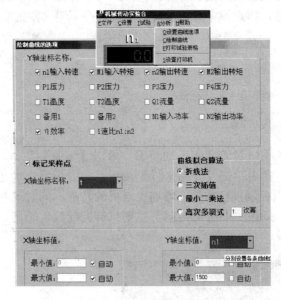

图 10.10 主菜单【分析】/【绘制曲线】的选项卡

提示

➤ 本实验台采用的是风冷式磁粉制动器，注意其表面温度不得超过 80℃，实验结束后应及时卸除载荷。
➤ 在施加实验载荷时，【手动】应平稳地旋转电流微调旋钮，【自动】也应平稳地加载。
➤ 输入传感器的最大转矩分别不应超过其额定值的 120%。
➤ 无论做何种实验，均应先启动主电机后加载荷，严禁先加载荷后开机。
➤ 在实验过程中，如遇电机转速突然下降或者出现不正常的噪声和震动时，必须卸载或紧急停车。
➤ 变频器出厂前设定完成，若需更改，必须由专业技术人员或熟悉变频器之技术人员担任。

思考题

1. 多级传动中机械系统方案的选择应考虑哪些问题？一般情况下宜采用何种方案？

旁的按钮，计算机自动检测小电机转速并填入框内（当主轴转速大于 100r/min 时，小电机转速设置为 0）。

这里的命令除小电机转向外，其余和电机控制操作面板上的按钮等效。

 提示

➤ 此处主电机电源按钮不起作用。

（3）【分析】菜单。

如图 10.10 所示，包括设置曲线选项、绘制曲线、打印实验表格和设置打印机等，用户可根据实验需要，选择要绘制的曲线并打印结果。

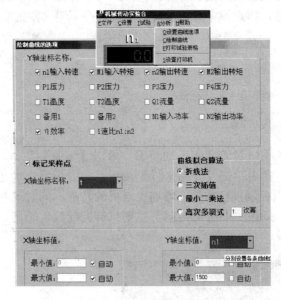

图 10.10 主菜单【分析】/【绘制曲线】的选项卡

 提示

➤ 本实验台采用的是风冷式磁粉制动器，注意其表面温度不得超过 80℃，实验结束后应及时卸除载荷。
➤ 在施加实验载荷时，【手动】应平稳地旋转电流微调旋钮，【自动】也应平稳地加载。
➤ 输入传感器的最大转矩分别不应超过其额定值的 120%。
➤ 无论做何种实验，均应先启动主电机后加载荷，严禁先加载荷后开机。
➤ 在实验过程中，如遇电机转速突然下降或者出现不正常的噪声和震动时，必须卸载或紧急停车。
➤ 变频器出厂前设定完成，若需更改，必须由专业技术人员或熟悉变频器之技术人员担任。

 思考题

1. 多级传动中机械系统方案的选择应考虑哪些问题？一般情况下宜采用何种方案？

机械设计基础实验及机构创新设计

2. 常见机构的运动学参数有哪些？

3. 以某个机构为例说明机构构件的尺寸对构件运动学参数的影响。

4. 除了本实验中使用的运动学参数测试传感器外，列出至少两种其他类型的用于运动学参数测试的传感器。

5. 常见的平面机构平衡的类型有哪些？各有什么优缺点？实验中平面机构是否平衡是通过什么手段进行测试的？

实 验 报 告

"机械传动性能综合测试实验"实验报告

姓名_____ 学号_____ 班级_____ 实验日期_____ 指导教师_____

一、实验项目

1. 实验目的

2. 实验原理

3. 确定方案及其理由

4. 实验步骤(粗略)

5. 注意事项(粗略)

6. 实验数据及曲线

7. 列出实验数据表和绘制传动系统特性曲线

8. 实验分析和结论

9. 对实验结果进行分析,重点分析不同的布置方案对传动性能的影响

10. 实验总结及合理化建议

二、思考题讨论

第**11**章
轴系分析与结构创意设计实验

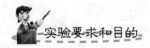 实验要求和目的

- ➤ 掌握轴上零件的定位与固定方法；
- ➤ 熟悉常用轴承的类型、布置、安装及调整方法，以及润滑和密封方式。
- ➤ 了解轴系结构特点，掌握轴、轴上零件的结构形状及作用、工艺要求和装配关系，
   掌握轴的结构设计和轴承组合设计的方法。

11.1　实验内容及设备

1. 实验内容

(1) 分析并测绘轴系的结构；
(2) 设计支撑圆柱齿轮的轴系的结构；
(3) 设计支撑圆锥齿轮的轴系的结构；
(4) 设计支蜗杆的轴系的结构。

2. 实验设备及工具

(1) 组合式轴系结构设计分析实验箱，如图 11.1 所示，包括能进行减速器圆柱齿轮轴系，小圆锥齿轮轴系及蜗杆轴系结构设计实验的全套零件。

图 11.1　轴系结构设计分析实验箱

(2) 测量及绘图工具：300mm 钢板尺、游标卡尺、内外卡钳、铅笔、三角板等。

11.2　实 验 原 理

不同的装配方案对应不同的轴结构形式，如图 11.2 所示。初定轴的直径时，其支反力作用点未知，不能决定弯矩的大小和分布情况，只能按扭矩初步估算轴径的大小，d_{min}

支撑锥齿轮

支撑圆柱齿轮

支撑蜗杆

图 11.2　不同的装配方案举例

确定后,按拟定的装配方案,从 d_{min} 处逐一确定各段长度及直径。各轴段长度取决于零件与轴配合部分的轴向尺寸和考虑安装零件的位移和留有适当的调整间隙等。滚动轴承型号根据齿轮类型选择;支承轴向固定方式或两端固定,或一端固定、一端游动。

11.3 实验步骤

(1) 按表 11-1 给出的条件设计轴系结构,绘出轴系结构方案示意图;

表 11-1 设计轴系结构已知条件

实验题号	已知条件				
	齿轮类型	载荷	转速	其他条件	示意图
1	小直齿轮	轻	低		
2		中	高		
3	大直齿轮	中	低		
4		重	中		
5	小斜齿轮	轻	中		
6		中	高		
7	大斜齿轮	中	中		
8		重	低		
9	小锥齿轮	轻	低	锥齿轮轴	
10		中	高	锥齿轮与轴分开	
11	蜗杆	轻	低	发热量小	
12		重	中	发热量大	

(2) 选择相应的零件,按装配工艺要求顺序装到轴上,完成轴系结构设计;
(3) 检查轴系结构设计是否合理,并对不合理的结构进行修改;
(4) 测绘各零件的实际结构尺寸;
(5) 按 1∶1 比例完成轴系结构设计装配图;
(6) 将实验零件放回箱内,排列整齐,工具放回原处。

提示

◇ 装配图要注明必要尺寸,如交承跨距、齿轮直径与宽度、主要配合尺寸。

实 验 报 告

"轴系分析与结构创意设计实验"实验报告

姓名_____ 学号_____ 班级_____ 实验日期_____ 指导教师_____

1. 分析图 11.3～11.9 所示轴系结构(简要说明轴上零件定位固定,滚动轴承安装、调整、润滑与密封等问题)。

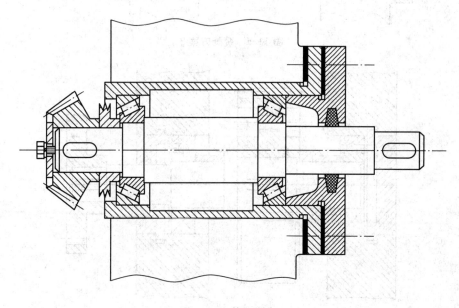

图 11.3 装配方案 1

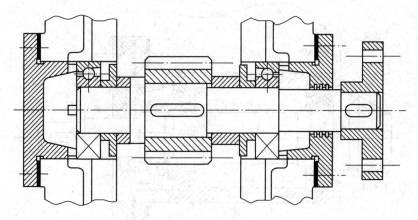

图 11.4 装配方案 2

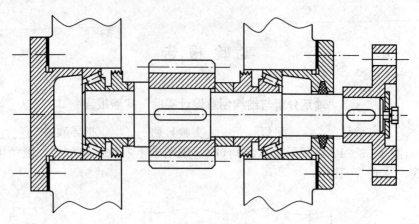

图 11.5　装配方案 3

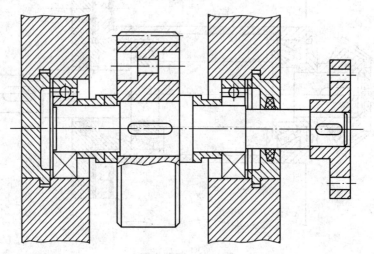

图 11.6　装配方案 4

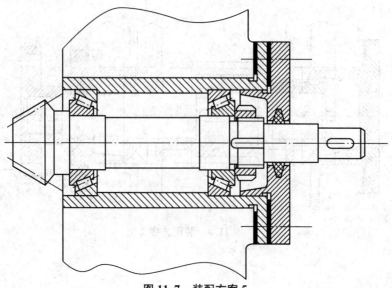

图 11.7　装配方案 5

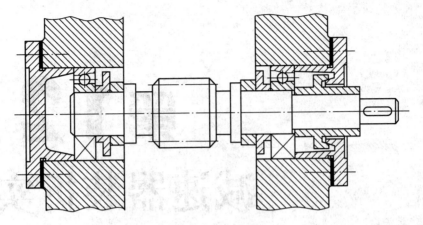

图 11.8　装配方案 6

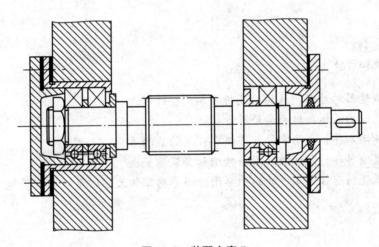

图 11.9　装配方案 7

第12章
减速器装拆实验

实验要求和目的

➤ 熟悉减速器的外形、结构以及拆装和调整过程；
➤ 了解减速器箱体、轴和齿轮等结构；
➤ 明确传动零件、支承零件及连接零件间的装配关系；
➤ 了解减速器各种附件的作用、构造和安装位置；
➤ 测绘低速轴有轴上零件的结构草图，培养对零件尺寸的目测和测量能力。

减速器是由一系列齿轮组成的减速传动装置，是机械装置中应用最普遍的传动机构之一，广泛应用于国民经济建设的各个领域，如图 12.1 所示为轿车中的减速器和差速器。减速器作为原动机与工作机之间的机械传动部件，用来降低转速并相应地增大扭矩，如图 12.2 所示。

齿轮变速

图 12.1　轿车中的齿轮变速装置
（减速器和差速器）

齿轮传动的特点是效率高、工作耐久、维护简便，常用的有单级圆柱（圆锥）齿轮、两级圆柱齿轮、两级圆锥圆柱齿轮减速器等。其中蜗杆减速器在外廓尺寸不大的情况下，可以获得较大的传动比，工作平稳，噪声较小，但效率较低。主要用于功率小、传动比很大而结构紧凑的场合。

(a) 圆柱齿轮减速器　　(b) 圆锥圆柱齿轮减速器　　(c) 摆线针轮减速器

图 12.2　减速器

类似地，也可由一系列齿轮组成增速传动装置，即增速器，如图 12.3 所示的风电齿轮箱。

图 12.3　增速器（风电齿轮箱）

12.1　减速器结构（以单级圆柱齿轮减速器为例）

1. 减速器的组成

减速器的组成如图 12.4 所示。

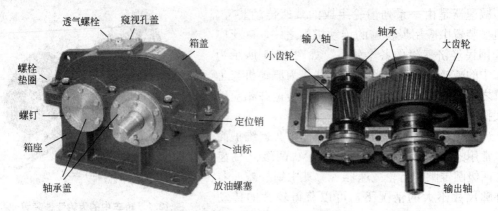

图 12.4 单级圆柱齿轮减速器结构

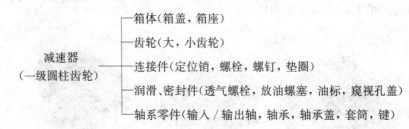

减速器
（一级圆柱齿轮）
- 箱体（箱盖，箱座）
- 齿轮（大，小齿轮）
- 连接件（定位销，螺栓，螺钉，垫圈）
- 润滑、密封件（透气螺栓，放油螺塞，油标，窥视孔盖）
- 轴系零件（输入／输出轴，轴承，轴承盖，套筒，键）

1) 箱体

箱体是减速器的主要零件之一，它的刚度和配合表面的加工精度直接影响到整个减速器的性能，为拆装及方便，常使用剖分式结构，并用螺栓将箱座与箱盖联成整体。箱体通常采用灰铸铁或铸钢铸造（实验所拆装减速器为铸铝）。为了保证箱体的刚度，常在箱体外制有加强筋。为了便于拔模，箱体的凸台、加强筋等部位有一定的锥度，如图 12.5、图 12.6 所示。

减速器的箱座与箱盖由若干螺栓连接，箱座与底座也由地脚螺钉连接，轴承盖与箱体也由螺栓连接，螺栓布置时，留有足够的扳手空间。

2) 轴及齿轮

轴和轴上零件有准确的工作位置，且轴上零件便于装拆和调整、受力合理，并轴在结构上尽量减少应力集中，如图 12.7 所示。齿轮与轴之间通过键连接，传递扭矩。当齿轮根圆直径接近轴径时，齿轮与轴做成一体，如图 12.8 所示。

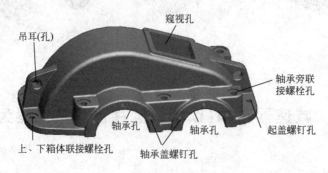

图 12.5 单级圆柱齿轮减速器箱盖

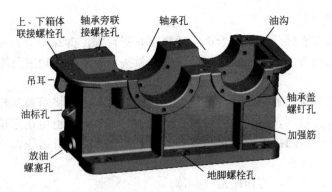

图 12.6　单级圆柱齿轮减速器箱座

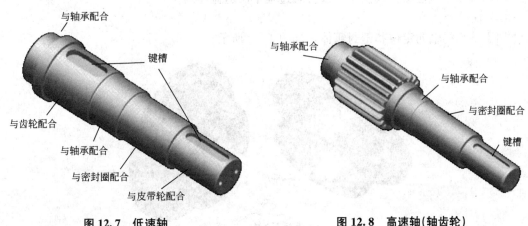

图 12.7　低速轴　　　　　　　　　图 12.8　高速轴(轴齿轮)

 提示

◇　装、拆轴上零件时，留意、体会各个配合部位，特别是与轴承配合的紧密程度。

3）主要附件

（1）放油螺塞。

设在箱座下侧面，用于换油、排除油污和清洗减速器内腔时放油。设计时必须保证箱座内底面高于油塞螺纹孔，以便于排尽油。

（2）油标。

用于检查减速器内润滑油的油面高度，除油尺外，还有圆形、管状和长形油标。一般放在低速级油较稳之处。设计时应保证其高度适中，并防止油标与箱座边缘和吊钩干涉。

（3）窥视孔。

设在箱盖顶部，用来观察、检查齿轮的啮合和润滑情况，润滑油也由此孔注入，其大小视减速大小而定，一般应能保证将手伸入箱内进行操作检查和观察啮合处。

（4）通气孔。

减速器每次工作一段时间后，温度会逐渐升高，这将引起箱内空气膨胀，油蒸汽由该孔及时排出，使箱体内外压力一致，从而保证箱体密封不致被破坏。

（5）启盖螺钉。

因在箱盖与箱座连接凸缘的结合面上通常涂有密封胶，拆卸箱盖较困难。只要拧动此螺钉，就可以顶起箱盖。启盖螺钉下端应做有圆弧头，以免损坏箱座凸缘剖分面。

（6）定位销。

为保证箱体轴承座孔的镗制和装配精度，在加工时，要先将箱盖和箱座用两个圆锥销定位，并用连接螺栓紧固，然后再镗轴承孔。以后的安装中，也由销定位。通常采用两个销，在箱盖和箱座连接凸缘上，沿对角线布置，两销间距应尽量远些。

（7）吊钩。

用来吊运整台减速器，与箱座铸成一体。

（8）吊环螺钉或吊耳。

用螺纹与箱盖连接，仅供生产或拆装过程中搬运盖使用。

（9）轴承盖。

用于轴承的轴向定位和密封箱体，如图 12.9 所示。

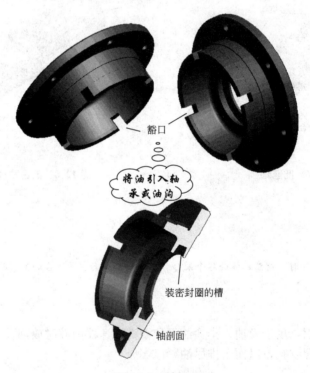

图 12.9　轴承盖

2. 减速器的润滑与密封

1）减速器中齿轮、蜗杆润滑

减速器中齿轮或蜗杆传动，一般用油润滑。

2）滚动轴承润滑

减速器中的滚动轴承，当浸在箱体内齿轮圆周速度 $v<2\text{m/s}$ 时采用脂润滑；当 $v\geqslant 2\sim 2.5\text{m/s}$ 时可采用飞溅润滑，即将飞溅到箱盖壁的润滑油沿壁面流入箱体凸缘分箱面上的油沟内，汇集而流到轴承室中润滑轴承。

当轴承采用脂润滑时，箱体凸缘分箱面上无输油沟(油槽)，并且轴承靠近壁内侧需加封油环(挡油环)。

当轴承采用飞溅润滑时，箱体剖分面上开有油槽，箱盖内壁侧的结合面上留有斜形空间，以便壁面上的油流入油槽中，轴承盖端部加工有四个缺口，以便于润滑油流入轴承室进行润滑。

端盖(轴承盖)与箱体间的垫片可以调整轴向间隙。

注意：无论轴承用何种润滑方式，当齿轮(尤其是斜齿轮)齿顶圆直径小于轴承孔时，都需在齿轮较接近箱壁的一侧(或两侧)加挡油环，以避免齿轮甩出的油直接冲击轴承，增加轴承运转损耗。

3) 密封

轴的外伸端与轴承盖之间常采用毡圆密封。在轴承的透盖中开有安放密封圈的凹槽，其中嵌有密封圈。

为了防止润滑油泄漏，箱盖与箱座结合面涂有密封胶，并用螺栓连接。此外油塞与观察孔盖与箱体之间也都加有密封垫片。

12.2 实 验 设 备

(1) 单级圆柱(圆锥)齿轮减速器，如图 12.4 和图 12.10 所示。
(2) 两级圆柱齿轮减速器，如图 12.11 所示。
(3) 两级圆锥圆柱齿轮减速器，如图 12.12 所示。
(4) 单级蜗杆减速器，如图 12.13 所示。

图 12.10 单级圆柱(圆锥)齿轮减速器

图 12.11 两级圆柱齿轮减速器

图 12.12　两级圆锥圆柱齿轮减速器

图 12.13　单级蜗杆减速器

12.3　实验步骤

（1）拆卸前先观察减速器外貌、输入轴和输出轴的位置、减速器各种附件的位置、特点及功用。正反转动高速轴，手感齿轮啮合侧隙，轴向移动高速和低速轴，手感轴承的轴向游隙。

（2）取下定位销钉，拆去上下箱体连接螺栓，再旋下启盖钉，拆去箱盖。

（3）观察轴系零件的相互位置，定位及固定方法、润滑、密封等。再取下轴系部件。

（4）卸下轴系部件上的各个零件：齿轮(或蜗轮、锥齿轮)、轴承、套筒、挡油环等。

（5）训练目测水平。先估测齿轮(或蜗轮、锥齿轮)的齿数、直径、宽度、中心距(或锥距)，轴的各段直径，再用量具测量上述尺寸，记下轴承型号。

（6）绘制低速轴及轴上零件的结构草图。

（7）将各零件擦拭干净，按次序装回。

（8）装配完毕后用手转动高速轴，保证转动灵活。

（9）经教师检查完毕，方可离开实验室。

提示

◇　仔细观察零、部件的结构和位置，考虑好合理的拆装顺序。

◇ 部件拆下后要排放整齐乱放，尤其是轴上零件，避免丢失、损坏。

◇ 正确使用工具，特别是拆装滚动轴承是一定要均匀施力于轴承的内圆。

◇ 切勿用榔头直接敲打轴承外圆，可使用轴承拆装器拆装滚动轴承。

◇ 爱护设备，防止箱体外的油漆碰坏。

12.4 减速器的发展

减速器的发展如图 12.14 所示。

世界齿轮产品发展5大趋势

> 1. 高速化
> 2. 小型化
> 3. 低噪声
> 4. 高效率
> 5. 高可靠度

世界齿轮制造技术的发展

> 1. 硬齿面齿轮技术日趋成熟
> 2. 功率分支技术日趋成熟
> 3. 模块化设计技术日益推广

国内与国际先进水平的差距

> 1. 技术装备水平低,开发能力弱
> 2. 产品技术含量低,质量不稳定
> 3. 市场营销与售后服务体系不够健全
> 4. 生产集中度低,规模效益差

图 12.14 减速器的发展

思考题

1. 圆锥—圆柱齿轮减速器为什么把圆锥齿轮放在高速级？

2. 箱体上的筋板起什么作用？

3. 上下箱体连接的凸缘为什么在轴承两侧要比其他地方高？

4. 上箱体有吊钩（或环），为什么下箱体还设有吊耳？

5. 连接螺栓处为什么做成凸面或沉孔平面？

6. 上下箱体连接螺栓及地脚螺栓处的凸缘宽度受何因素影响？

7. 你所拆装的减速器齿轮和轴承各是用什么方式润滑的？油池的油面应在什么位置？为什么有的轴承孔内侧设有挡油环？

8. 吊环螺钉、启盖螺钉、定位销、油封、油塞、窥视孔、通气塞各起什么作用？应安排在什么位置？

9. 轴承端盖和箱体剖分面用什么方法密封?

10. 轴承游隙、锥齿轮啮合间隙是怎么调整的?

11. 高速轴和低速轴上的齿轮齿顶圆距箱体内侧的距离是否相同? 为什么?

12. 减速器上下箱体螺栓连接属何种类型? 为什么?

13. 为什么有的箱座结合面上开有油槽,有的则没有?

14. 为什么有的轴承盖上开有四个豁口?

15. 既然轴承旁已有螺栓连接,为什么箱体两侧凸缘还要用螺栓连接?

16. 为什么轴承采用飞溅润滑,有的齿轮端面仍要加挡油环?

17. 设计箱体时,如何保证螺栓的扳手空间?

18. 为什么小齿轮的宽度往往做得比大齿轮宽一些?

实 验 报 告

"减速器装拆实验"实验报告

姓名_____学号_____班级_____实验日期_____指导教师_____

一、绘出装配图的俯视图(草图)

二、思考题讨论

看见我动脑筋的样子了吗？

第13章 基于机构组成原理的拼接设计实验

实验要求和目的

➢ 加深学生对平面机构的组成原理、结构组成的认识。

➢ 了解平面机构组成及运动特点。

➢ 培养学生的机构综合设计能力、创新能力和实践动手能力。

13.1 实验设备及工具

机构运动创新设计方案实验台，如图 13.1 所示，其配套的零件柜如图 13.2 所示。

图 13.1 机构运动创新设计方案实验台

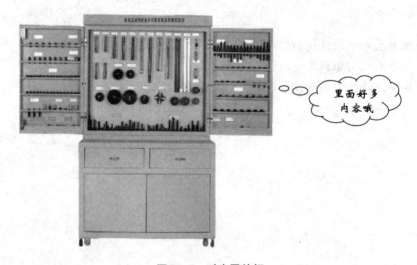

图 13.2 对应零件柜

实验台包含直线电机、旋转电机；零件柜中含有齿轮、齿条、凸轮、槽轮、拨盘、主动轴(轴端带有一平键，有圆头和扁头两种结构型式)、从动轴、移动副、转动副轴、复合铰链Ⅰ(用于三构件形成复合转动副或形成转动副＋移动副)、复合铰链Ⅱ(用于四构件形成复合转动副)、主动滑块插件(插入主动滑块座孔中，使主动运动为往复直线运动)、主动滑块座(装入直线电机齿条轴上形成往复直线运动)、活动铰链座Ⅰ(用于在滑块导向杆以及连杆的任意位置形成转动副式移动副)、活动铰链座Ⅱ(用于在滑块导向杆以及连杆的任意位置形成转动副或移动副)、滑块导向杆(或连杆)、连杆Ⅰ(有六种长度不等的连杆)、连杆Ⅱ(可形成三个回转副的连杆)、压紧螺栓、带垫片螺栓、层面限位套(限定不同层面间的平面运动构件距离，防止运动构件之间的干涉）、紧固垫片、高副锁紧弹簧、24)齿条护板、T形螺母、行程开关碰块、V带轮、张紧轮、张紧轮支承杆、张紧轮轴销、标准件、紧固件若干(A型平键、螺栓、螺母、紧定螺钉等)装卸工具(一字起子、十字起子、固定扳手、内六角扳手、钢板尺、卷尺)等。

13.2 实验原理、方法与步骤

1. 实验原理

根据平面机构组成原理，任何平面机构都是由若干个基本杆组依次连接到原动件和机架上而构成的。

2. 实验方法与步骤

(1) 熟悉本实验中各零、部件功用和安装、拆卸方法；
(2) 设计(或选定)平面机构运动方案，确定拼接实验内容；
(3) 将已定平面机构运动方案拆分为基本杆组；
(4) 正确拼接各基本杆组；
(5) 将基本杆组按运动传递规律顺序依次连接到原动件和机架上。

拼装时，为避免各运动构件之间的干涉，同时保证各构件运动平面与轴的轴线垂直，应保证各构件均在相互平行的平面内运动，拼装应以机架铅垂面为参考平面，由里向外拼装。同时，为避免连杆之间运动平面相互紧贴而摩擦力过大或发生运动干涉，在装配时应相应装入层面限位套。

13.3 实 验 内 容

机构运动运动方案可由学生创新构思，绘出平面机构运动简图，也可选用实用机械中应用的各种平面机构，根据机构运动简图，进行拼接实验，本实验台提供的配件可完成不少于40种机构运动方案的拼接实验，实验内容也可从下列给定的参考机构中选择，或在其基础上演化而得。

1) 双滑块机构

双滑块机构如图13.3所示。

机构由曲柄滑块机构(构件1-2-3-8)铰链四杆机构(构件1-4-5-8)与摇杆滑块机构(构件5-6-7-8)组合而成。自由度计算如下：

$$F = 3n - 2P_L - P_H$$
$$= 3 \times 7 - 2 \times 10 - 0$$
$$= 1$$

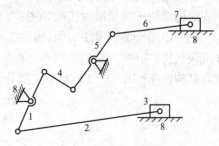

图 13.3 双滑块机构

该机构以滑块3作为原动件，可用于内燃机中作为配气机构，滑块3在压力气体作用下作往复直线运动，带动曲柄1回转并使滑块7往复运动，实现进、排气。

提示

◇ 同样一个机构(图13.3)，选不同的构件作为原动件，机构分析时，划分出的杆组就不同。

如果以曲柄1作为原动件，当曲柄1连续转动时，滑块3作往复直线移动，摇杆5作往复摆动，同时带动滑块7作往复直线移动。

分别针对上述两种情况拆分杆组，如图13.4所示。

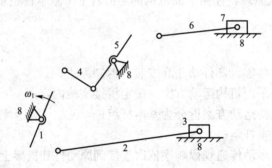

(a) 以曲柄1作为原动件拆分杆组

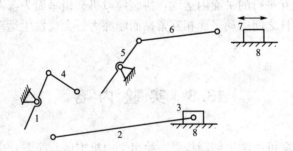

(b) 以滑块7作为原动件拆分杆组

图13.4　拆分杆组

2) 曲柄滑块＋曲柄滑块机构

曲柄滑块＋曲柄滑块机构如图13.5(a)所示。

机构由两个曲柄滑块机构(构件1-2-3-11)、(构件5-4-3-11)，和两个对称的摇杆滑块机构(构件5-6-7-11)、(构件9-10-7-11)所组成。对称部分由(构件5-6-7-11)和(构件9-10-7-11)其中一部分为虚约束。自由度计算如下(图13.5(b))：

$$F = 3n - 2P_L - P_H$$
$$= 3 \times 7 - 2 \times 10 - 0$$
$$= 1$$

当曲柄1连续转动时，滑块3上、下移动，通过杆4-5-6使滑块7作上下移动，完成物料的压紧。钢板打包机、纸板打包机、棉花打捆机、剪板机等均可采用此机构完成预

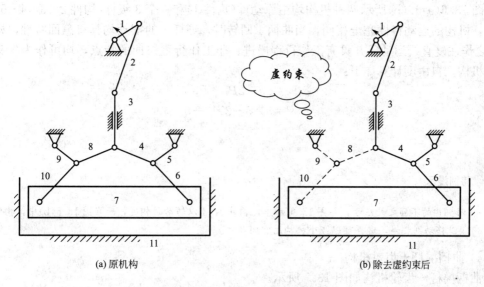

(a) 原机构   (b) 除去虚约束后

图 13.5 曲柄滑块＋曲柄滑块机构

期工作。

提示

◇ 拼接时应注意杆组(构件 5－6－7－11)和(构件 9－10－7－11)的对称性，否则可能导致虚约束变为实约束，使机构不能运动。

◇ 对称部分(构件 8－9－10)的作用是使构件 7 平稳下压，使物料受载均衡。

3) 摆动导杆机构

摆动导杆机构如图 13.6 所示。

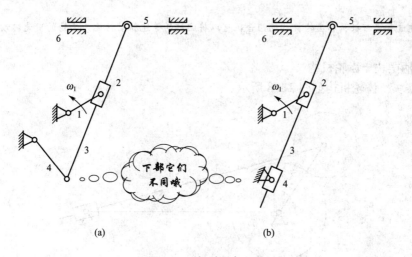

(a)   (b)

图 13.6 摆动导杆机构

图 13.6(a)和(b)所示两种机构均由原动件(构件 1)和一个 3 级杆(构件 2-3-4-5)组组成,机构的运动特性完全相同,当曲柄 1 回转时,导杆 3 的摆动均具有急回特性,构件 5 随之作往复直线运动,并具有工作行程慢进、非工作行程快回的特点,均可作为牛头刨床主机构。自由度计算如下:

$$F = 3n - 2P_L - P_H$$
$$= 3 \times 5 - 2 \times 7 - 0$$
$$= 1$$

特别提示

◇ 两机构的不同之处在于,在图 13.6(a)中,构件 3、4 以转动副相连,而在图 13.6(b)中,构件 3、4 以移动副相连,这样可以减小机构的空间尺寸。

4)曲柄摇杆+齿轮机构
曲柄摇杆+齿轮机构如图 13.7 所示。
机构由曲柄摇杆机构(构件 1-2-3-6)和齿轮机构(构件 4-5-6)组成,其中齿轮 5 与摇杆 2 形成刚性连接。自由度计算如下:

$$F = 3n - 2P_L - P_H$$
$$= 3 \times 4 - 2 \times 5 - 1$$
$$= 1$$

当曲柄 1 回转时,连杆 2 驱动摇杆 3 摆动,从而通过齿轮 5 与齿轮 4 的啮合驱动齿轮 4 回转。由于摆杆 3 往复摆动,从而实现齿轮 4 相对摆杆 3 的往复回转。

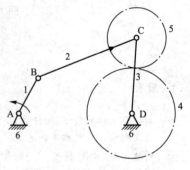
图 13.7 曲柄摇杆+齿轮机构

提示

◇ 通过这种连杆机构和齿轮机构的组合,可以将曲柄的等速转动转化为齿轮的变速转动。

5)曲柄摆块+齿轮机构
曲柄摆块+齿轮机构如图 13.8 所示。

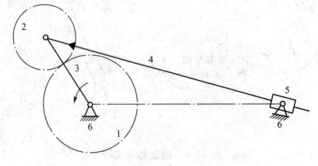
图 13.8 曲柄摆块+齿轮机构

机构由曲柄摆块机构(构件 3 - 4 - 5 - 6)和齿轮机构(构件 1 - 2 - 6)组成。其中齿轮 1 与导杆 3 可相对转动,而齿轮 2 与导杆 4 固联。自由度计算如下:

$$F = 3n - 2P_L - P_H$$
$$= 3 \times 4 - 2 \times 5 - 1$$
$$= 1$$

曲柄 3 为原动件,作圆周运动,通过连杆 4 使摆块摆动,从而改变连杆的姿态使齿轮 2 带动齿轮 1 作相对曲柄 3 的同向或逆向回转。

提示

◇ 如果本机构中以齿轮 1 为原动件,构件 3(原曲柄)的运动规律如何?

6) 凸轮+连杆机构

凸轮+连杆机构如图 13.9 所示。

机构由凸轮机构(构件 1 - 8 - 9)和低副运动链(构件 2 - 3 - 4 - 5 - 6 - 7)组成。自由度计算如下:

$$F = 3n - 2P_L - P_H$$
$$= 3 \times 8 - 2 \times 11 - 1$$
$$= 1$$

高副低代如图 13.10 所示。

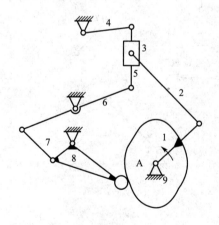

图 13.9 凸轮+连杆机构

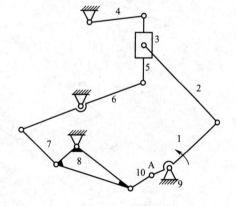

图 13.10 高副低代

提示

◇ 作为锯木机构,图 13.9 和图 13.10 各有什么优势和不足?

将图 13.10 所示机构拆分杆组，如图 13.11 所示。

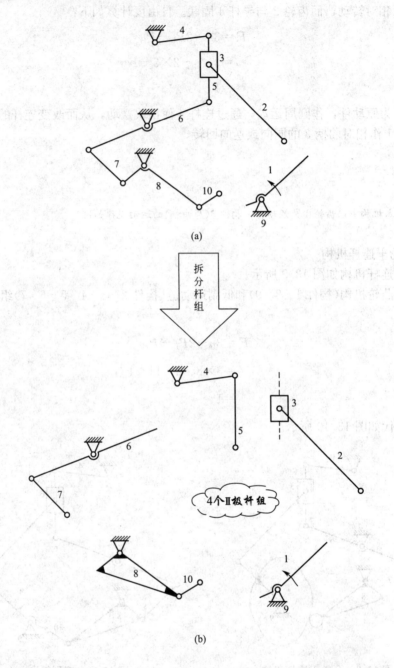

图 13.11　拆分杆组

7) 垂直双滑块机构

垂直双滑块机构如图 13.12 所示

机构由导路互相垂直的双滑块组成，且满足 AC⊥AD，AB＝BC＝BD，所以滑块 4 所带进来的约束可视做虚约束。自由度计算如下：

$$F = 3n - 2P_{\text{L}} - P_{\text{H}}$$
$$= 3 \times 3 - 2 \times 4 - 0$$
$$= 1$$

当曲柄 1 作匀速转动时，滑块 3、4 均作直线运动，同时，杆件 2 上任一点的轨迹为一椭圆。该机构可用作椭圆画器(图 13.13)和剑杆织机引纬机构。

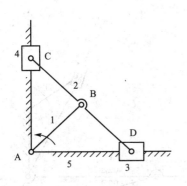

图 13.12 垂直双滑块机构

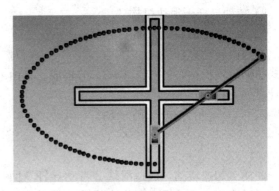

图 13.13 椭圆规

提示

◇ 拼接时应注意滑块 4 的导路应与滑块 3 的导路垂直，且应保证 AB＝BC＝BD，否则可能导致虚约束变为实约束，使机构不能运动。

8) 齿轮＋曲柄滑块机构

齿轮＋曲柄滑块机构如图 13.14 所示。

机构由齿轮机构(构件 1 - 2 - 6)与对称配置的两套曲柄滑块机构(构件 1 - 3 - 5 - 6)和(构件 3 - 4 - 5 - 6)组合而成，其中齿轮 1 和 2 齿数相等，AD 杆与齿轮 1 固联，BC 杆与齿轮 2 固联。

拆去机构中的对称部分(构件 2 - 4)，自由度计算如下：

$$F = 3n - 2P_{\text{L}} - P_{\text{H}}$$
$$= 3 \times 3 - 2 \times 4 - 0$$
$$= 1$$

同时，因为该机构拆去杆件 5，E 点运动轨迹不变，所以自由度也可以计算如下：

$$F = 3n - 2P_{\text{L}} - P_{\text{H}}$$
$$= 3 \times 4 - 2 \times 5 - 1$$
$$= 1$$

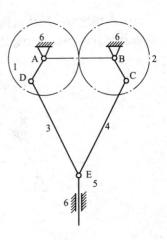

图 13.14 齿轮＋曲柄滑块机构

轮 1 匀速转动，带动齿轮 2 反向同速回转，从而通过连杆 3、4 驱动杆 5 上下直线运动完成预定功能。该机构可用于冲压机、充气泵、自动送料机。

提示

◇ 拼接时应注意应保证 AD＝BC，DE＝CE，否则会导致虚约束变为实约束；
◇ 对称布置的曲柄滑块机构可使滑块运动受力状态好。

9）转动导杆＋滑块机构

转动导杆＋滑块机构如图 13.15 所示。

机构由转动导杆机构（构件 1－2－3－6）与对心式曲柄滑块机构（构件 3－4－5－6）构成。自由度计算如下：

$$F = 3n - 2P_L - P_H$$
$$= 3 \times 5 - 2 \times 7 - 0$$
$$= 1$$

曲柄 1 匀速转动，通过滑块 2 带动导杆 3 回转，通过连杆 4 驱动滑块 5 作直线移动。由于导杆机构驱动滑块 5 往复运动时对应的曲柄 1 转角不同，故滑块 5 具有急回特性，此机构可用于插床和刨床等机械中。

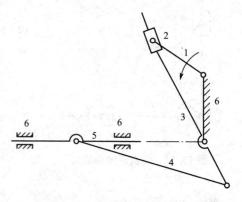

图 13.15　转动导杆＋滑块机构

特别提示

◇ 改变哪些尺寸可以提高滑块 5 急回运动的明显程度？

10）曲柄摇杆＋滑块机构

曲柄摇杆＋滑块机构如图 13.16 所示。

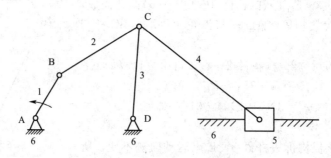

图 13.16　曲柄摇杆＋滑块机构

机构由曲柄摇杆机构（构件 1－2－3－6）和摇杆滑块机构（构件 3－4－5－6）构成。自由度计算如下：

$$F = 3n - 2P_L - P_H$$
$$= 3 \times 5 - 2 \times 7 - 0$$
$$= 1$$

曲柄 1 匀速转动，通过摇杆 3 和连杆 4 带动滑块 5 作往复直线运动，由于曲柄摇杆机构的急回性质，使得滑块 5 速度、加速度变化较大，从而可以更好地完成筛料工作。

 提示

◇ 图 13.15 和图 13.16 中，构件 5 都是做有急回特性的直线移动，比较一下这两个机构的特点。

11) 双摆杆摆角放大机构

双摆杆摆角放大机构如图 13.17 所示。

机构由摆动导杆机构组成，且导杆 1 的长度大于机架长度，即 AB>AC。自由度计算如下：

$$F = 3n - 2P_L - P_H$$
$$= 3×3 - 2×4 - 0$$
$$= 1$$

当主动摆杆 1 摆动 α 角时，从动杆 3 的摆角为 β，且有 $\beta>\alpha$，实现摆角放大。

 提示

◇ 根据这个机构的特点，分析一下它可能的用途。

12) 凸轮＋五杆机构

凸轮＋五杆机构如图 13.18 所示。

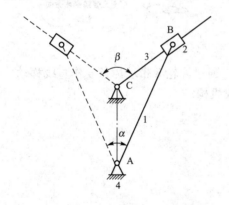

图 13.17　双摆杆摆角放大机构

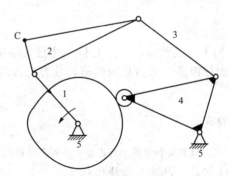

图 13.18　凸轮十五杆机构

机构由凸轮机构(构件 1-4-5)和连杆机构(构件 1-2-3-4-5)构成，其中凸轮与主动曲柄 1 固联，又与摆杆 4 构成高副。自由度计算如下：

$$F = 3n - 2P_L - P_H$$
$$= 3×4 - 2×5 - 1$$
$$= 1$$

凸轮 1 匀速回转，通过杆 1 和杆 3 分别将运动传递给杆 2，从而杆 2 的运动是两种运动的合成，因此通过设计不同的凸轮轮廓而得到连杆 2 上的 C 点不同的预期轨迹。

◇ C点的位置选择何处，便于分析它的轨迹？

嘿嘿，这里要费劲想想哦！

13）曲柄连杆＋齿轮机构

曲柄连杆＋齿轮机构如图 13.19 所示。

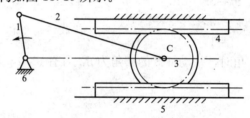

图 13.19　行程放大机构

机构由曲柄连杆和齿轮齿条机构组成，其中齿条 5 固定为机架，齿条 4 为移动件。自由度计算如下：

$$F = 3n - 2P_L - P_H$$
$$= 3 \times 4 - 2 \times 4 - 2 - 1$$
$$= 1$$

上、下齿条限制了C点只能沿水平方向运动

曲柄 1 匀速转动，连杆上 C 点作直线运动，通过齿轮 3 带动齿条 4 作直线移动，齿条 4 的移动行程是 C 点行程的两倍，故为行程放大机构。

◇ 若为偏置曲柄滑块，则齿条 4 具有急回性质。

14）齿轮＋凸轮＋滑块机构

齿轮＋凸轮＋滑块机构如图 13.20 所示。

机构由齿轮机构（构件 1 - 2 - 11）、凸轮机构（构件 2 - 8 - 11）、连杆机构（构件 5 - 6 - 7 - 11）、（构件 8 - 9 - 10 - 11）和（构件 5 - 4 - 2 - 11）组成，其中凸轮 3 与齿轮 2 固联，自由度计算如下：

$$F = 3n - 2P_L - P_H$$
$$= 3 \times 9 - 2 \times 12 - 2$$
$$= 1$$

齿轮 1 匀速转动，齿轮 2 带动与其固联的凸轮 3 一起转动，通过连杆机构使滑块 7 和

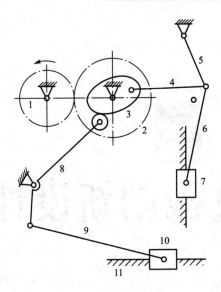

图 13.20 冲压机构

滑块 10 作往复直线移动。该机构可用于连续自动冲压机床或剪床机构,其中滑块 7 完成冲压运动,滑块 10 完成送料运动。

提示

◇ 滑块 7 和滑块 10 的承载能力差别大吗?

第14章
大学生机械创新设计作品

14.1 全国大学生机械创新大赛及"挑战杯"科技竞赛简介

全国大学生机械创新大赛是经教育部高等教育司批准，由教育部高等学校机械学科教学指导委员会主办，机械基础课程教学指导分委员会、全国机械原理教学研究会、全国机械设计教学研究会联合著名高校共同承办，面向大学生的群众性科技活动。目的在于引导高等学校在教学中注重培养大学生的创新设计能力、综合设计能力与协作精神；加强学生动手能力的培养和工程实践的训练，提高学生针对实际需求进行机械创新、设计、制作的实践工作能力，吸引、鼓励广大学生踊跃参加课外科技活动，为优秀人才的脱颖而出创造条件。

全国大学生机械创新大赛每两年举办一次（表14-1），至今已经举办了四届，除第一届外，其他均有主题，并要求参加决赛的作品必须与当届大赛的主题和内容相符，且作品必须以机械设计为主，提倡采用先进理论和先进技术，如机电一体化技术等。在实现功能相同的条件下，机械结构越简单越好。

表14-1 全国大学生机械创新大赛

届次	地点	时间	主题	内容
一	南昌大学	2004.9	（无）	
二	湖南大学	2006.10	健康与爱心	助残机械、康复机械、健身机械、运动训练机械等四类机械产品的创新设计与制作
三	武汉海军工程大学	2008.10	绿色与环境	环保机械、环卫机械、厨卫机械三类的创新设计与制作
四	东南大学	2010.10	珍爱生命，奉献社会	在突发灾难中，用于救援、破障、逃生、避难的机械产品的设计与制作
五	中国人民解放军第二炮兵工程学院	2012.7	幸福生活——今天和明天	休闲娱乐机械和家庭用机械的设计和制作

"挑战杯"科技竞赛是由共青团中央、中国科协、全国学联主办，国内著名大学和新闻单位联合发起，国家教育部支持下组织开展的大学生课余科技文化活动中的一项具有异向性、示范性和权威性的全国性的竞赛活动，被誉为中国大学生学术科技"奥林匹克"。

竞赛每两年一次，至今已经举办了十二届，见表14-2。这项活动坚持"崇尚科学、追求真知、勤奋学习、迎接挑战"的宗旨。

表14-2 "挑战杯"全国大学生课外学术科技作品竞赛

承办年份	届次	承办单位
1989	第一届	清华大学
1991	第二届	浙江大学
1993	第三届	上海交通大学
1995	第四届	武汉大学
1997	第五届	南京理工大学
1999	第六届	重庆大学
2001	第七届	西安交通大学
2003	第八届	华南理工大学
2005	第九届	复旦大学
2007	第十届	南开大学
2009	第十一届	北京航空航天大学
2011	第十二届	大连理工大学

14.2 仿生机器蟹(第一届全国机械创新大赛 一等奖)

设计者：季宝峰 刘德峰 贾守波 宋辉 王刚
指导老师：王立权 刁彦飞 陈东良
哈尔滨工程大学

1) 作品特点

第一届大赛没有指定主题，参赛作品只要符合竞赛规则即可模仿仿生机器蟹(图14.1)是一个机电结合的作品，运动特点为：可以模仿螃蟹的横向行走；遇到障碍物可以实现自动转向；两个前爪可以一张一合夹起物品。

2) 仿生机器蟹的机构运动原理及方案

(1) 横向行走机构。

机器蟹每侧四条腿，两侧共八条腿。小腿$\overline{CD}$采用曲柄摇杆机构 ABCD 中的摇杆，如图 14.2 所示。每侧的大腿DF用一个电机通过一对齿轮减速之后带动一个凸轮机构运动实现抬腿、放腿运动,如图 14.2 所示。

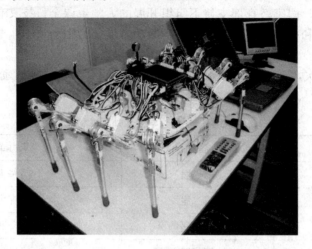

图 14.1 仿生机器蟹

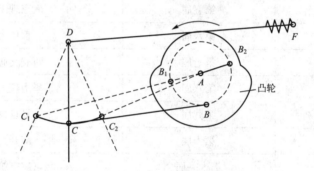

图 14.2 仿生机器蟹蟹腿机构

行走时一侧的四条小腿着地作为支撑,并向后运动,而另外一侧的四条大腿抬起,跟着抬起的四条小腿,向前运动,伸到前面最远时着地。接着,后方的四条腿运动到向后的极限位置,并抬起。以此循环往复,从而实现了蟹的横向行走。

大腿的根侧与电机都连在螃蟹的身体上,当电机带动凸轮转动时,大腿可实现向上抬起,带动小腿离地;也可实现向下摆动,大腿摆到下面时,小腿上的脚可以接触地面。因电机始终在旋转,故摇杆与电机的相对摆动便使电机向指定的方向运动。

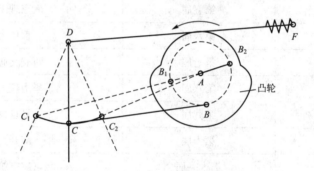

图 14.3 仿生机器蟹转向机构

(2)转向机构。

蟹的每侧放置两个电机,通过硬钢丝 L 拉动蟹腿实现蟹的转向,每个电机控制两个不相邻的两条腿的转向。如图 14.3 所示,横向爬行时两腿横向用力带动身体横向运动。当接收到转向信号时,电机转动带动钢丝 L 向左运动。拉杆 L 给大腿一个纵向的作用力。由于此时小腿着地不能运动,从而导致身体向相反的方向运动。此过程实现了仿生机器蟹的转向。

（3）蟹前爪与蟹钳设计。

螃蟹的蟹钳只有半能动，作者设计了如图14.4所示的机构来模仿蟹钳，用一只很小的电磁铁机构来控制蟹钳的张闭。电机转动带动齿轮旋转，从而拉动蟹的两个前爪，实现其张合，实现仿螃蟹的夹物功能，如图14.5所示。

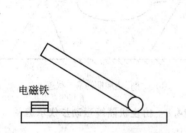

图 14.4 仿生机器蟹蟹钳的张闭机构

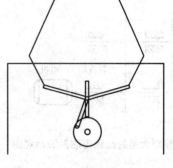

图 14.5 仿生机器蟹蟹钳机构

3）机器蟹机构的控制部分

（1）蟹的八条腿的横向行走时序。

蟹刚放到地上，在开始运动之前，其右侧四条腿中的第一条（右一）与第四条（右四）的小腿处于与身体最远的极限位置，仿生机器蟹蟹腿编号如图14.6所示。而第二条（右二）与第三条（右三）则处于与身体最近的极限位置；左一与左四也处在与身体最远的极限位置，左二与左三处在与身体最近的极限位置。但是，控

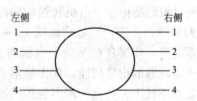

图 14.6 仿生机器蟹蟹腿编号示意图

制两侧大腿的凸轮位置相反。此时带动右一与右四、左二与左三的凸轮位于小圆半径的开始处顶着大腿，而带动右二与右三、左一与左四的凸轮却位于大圆的半径的开始处顶到大腿。

如图14.7所示，当电机旋转带动与此相连的凸轮和曲柄一起做等速转动时，右二与右三的脚开始离地，右一与右四的脚开始抓住地面拖动电机向右侧运动，同时左一与左四的脚与地面分离，左二与左三的脚开始推动电机向右侧运动。当右一与右四、左二与左三同时到达另一极限位置时，右二与右三、左一与左四也同时到达另一极限位置，此时带动大腿的凸轮也刚好转到大小半径的交替位置，即右一与右四、左二与左三的凸轮将使其离地，右二与右三、左一与左四落地开始，并且右边拉，左边推使身体向右侧运动。当左右侧的腿又到达极限位置时，便开始重复第一过程，且此时凸轮与曲柄均刚好旋转一周。一个周期的状态如图14.8所示。

（2）仿生机器蟹的转向行走时序及控制。

仿生机器蟹横向行走时，若前方有障碍物进入设定范围，超声波传感器会将有障碍物的信号传给单片机，使单片机控制转向电机（图14.3）转动，从而控制蟹腿转向。

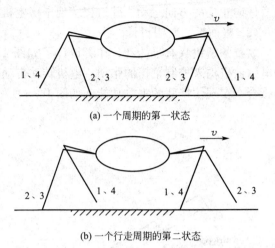

(a) 一个周期的第一状态

(b) 一个行走周期的第二状态

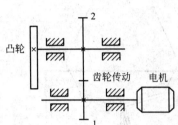

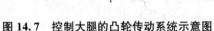

图 14.7　控制大腿的凸轮传动系统示意图　　**图 14.8　仿生机器蟹运动步伐示意图**

　　初始位置为图 14.2 中实线位置所示，即机械蟹的小腿在 CD 位置，此时 1、4 大腿处于抬起状态，2、3 大腿支撑身体，控制 1、4 大腿的电机不转动，而控制 2、3 大腿的电机逆时针转动，带动拉杆 L 在纵向上向左运动，因为小腿着地，便给身体一个向前的推力，使身体在纵向上与横向上一起行进，当 1、4 大腿落下时，2、3 大腿抬起。

　　绝对编码器记录下电机转过的角度，接着带动大腿 2、3 的电机顺时针转动，使硬钢丝 L 归回原始位置；而带动大腿 1、4 的电机开始逆时针转动，使电机带动硬钢丝 L 由原始位置离开，使蟹身在纵向上与横向上一起运动。当大腿 1、4 抬起时，2、3 大腿落下。且由于编码器的记录功能，在大腿落下时摇柄转过的角度与大腿抬起时返回同样的角度，所以能循环转下去，直到超声波传感器的信号消失。

　　4) 尺寸与传动的设计计算

　　(1) 曲柄摇杆机构尺寸计算(图 14.9)。

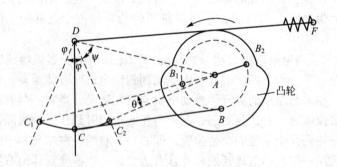

图 14.9　机器蟹曲柄摇杆机构尺寸

　　摇杆 CD 的长度定为 L_{CD}，当 DF 杆在凸轮的小圆半径上时，杆 DF 与地面的倾角，此时 D、A 间的距离为定为 L_{DA}。

　　若使 $\angle C_1 D C_2 = \phi$，即 $\angle CDC_2 = \angle CDC_1 = 0.5\phi$，$\angle ADC_2 = \psi$，则可计算出 L_{AB} 和 L_{BC}。

则
$$
\begin{cases}
AC_1 = \sqrt{L_{DA}^2 + L_{CD}^2 - 2L_{DA}L_{CD}\cos(\varphi+\psi)} \\
AC_2 = \sqrt{L_{DA}^2 + L_{CD}^2 - 2L_{DA}L_{CD}\cos\psi}
\end{cases}
$$

$$
\begin{cases}
BC = 0.5(AC_1 + AC_2) \\
AB = 0.5(AC_1 - AC_2)
\end{cases}
$$

（2）凸轮（图 14.9）。

凸轮轮廓由两段圆弧提供过渡曲线连接而成，小圆弧半径只要大于 AB 即可，故可先初定一个长度，由于凸轮轮廓的大圆弧半径与 F 点的位置共同决定大腿抬起的高度，所以需要在考虑到整个机械运行的稳定性的基础上，在实验中根据布局确定。

（3）传动方案的设计（图 14.7）。

电机所带动齿轮的基圆半径为 r_{b1}，减速齿轮的基圆半径为 r_{b2}，则此传动比为 $i_{12}=r_{b2}/r_{b1}$。若电机的角速度为 ω_1，则减速齿轮的角速度为 $\omega_2=\omega_1/i_{12}$，即凸轮转动的角速度。

5）材料及一些芯片和传感器的选择

（1）材料的选择。

ABS 工程塑料重量轻、硬度高，而且易于加工，符合做蟹型机械的技术要求，所以选用 ABS 工程塑料作为整个机械主要的材料。

（2）单片机的选择。

选用的是 AT89S52。

（3）传感器的选择。

①电测距传感器。

采用两个超声波传感器（工作范围是 3cm～3m）分别装在仿生机器蟹的两侧。仿生机器蟹在行走时传感器一直是在工作的，给它一个设定值（此值大于仿生机器蟹的转弯半径）当障碍物进入此值范围内，传感器给单片机发出转向的信号。

②触摸传感器。

采用热释电传感器作为接收人体感应信号的传感器。此传感器利用人体感应作为触发源。当人接触到传感器时，传感器发出信号给单片机，单片机立即使控制横向行走的电机急速转动，使仿生机器蟹立即逃跑，以此来模仿螃蟹的警觉性。

（4）电机驱动芯片的选用。

选用的是马达专用控制芯片 LG9110。LG9110 是为控制和驱动电机设计的两通道推挽式功率放大专用集成电路器件，将分立电路集成在单片 IC 之中，使外围器件成本降低，整机可靠性提高。该芯片有两个 TTL/CMOS 兼容电平的输入，具有良好的抗干扰性；两个输出端能直接驱动电机的正反向运动，它具有较大的电流驱动能力，每通道能通过 750～800mA 的持续电流，峰值电流能力可达 1.5～2.0A；同时它具有较低的输出饱和压降；内置的钳位二极管能释放感性负载的反向冲击电流，使它在驱动继电器、直流电机、步进电动机或开关功率管的使用上安全可靠。LG9110 被广泛应用于玩具汽车电机驱动、步进电动机驱动和开关功率管等电路上。

（5）仿生蟹总体方案。

机械仿生机器蟹模仿了螃蟹行走时的步态，通过两个电动机带动八个凸轮加摇杆的机构实现了整个机构的横向行走；通过两个电动机控制拉柄以带动蟹腿纵向行进；通过一个电动机拉动蟹的两个前爪以实现其收拢与张开；用红外遥控使之开始爬或终止爬行、向左爬或向右爬；当有人触摸仿蟹机器人时通过热释电传感器和控制电路仿生机器蟹会立即加速爬行。

横向行走时左右的超声波测距仪同时工作当障碍物进入设定范围内，控制部分开始控制转向电动机工作使机械转向行走直至避开障碍。若进入死角或突然有障碍物进入设定范围内，且距离小于机器的转弯半径(实体实验时可测之其转弯半径，由于很多参数未定，故现在无法得知)仿蟹机器人会停止10s，然后反向行走直至达到最小转弯半径时再进行转弯的动作，如图14.10所示。

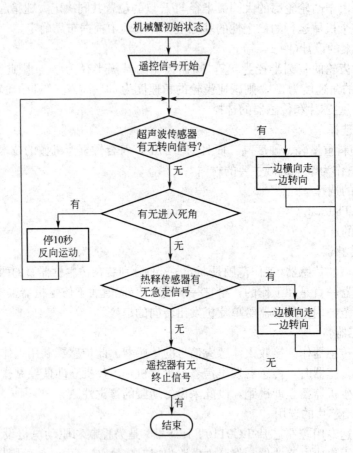

图14.10　仿生机器蟹运动程序框图

6）创新之处

（1）利用凸轮机构实现抬、放大腿，简化了机械的结构和控制电动机的数目。

（2）大腿与身体采用一个较硬的弹簧连接，既不影响腿的支撑作用，又不限制大腿的抬、放和转向。

（3）用测距传感器、单片机和开关控制机械蟹和其他物体间的距离，实现避障功能，如图14.11所示，当机械蟹与其他物体接近时，传感器发出转向信号给单片机，并由腿部的开关控制电机的转向。大腿抬起时开关接通，电动机反转，大腿落下时开关断开，电动机正转。当避开障碍物时，测距信号消失，不管大腿上的开关是否接通，单片机不向电动机发出任何转向信号。

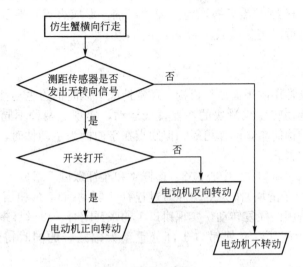

图 14.11　仿生机器蟹运动步伐顺序示意图

14.3　破障钳(第四届全国机械创新大赛　一等奖)

设计者：苗典武，张春善，贾岚奎，徐莹
指导老师：张晓红，张国豪
襄樊职业技术学院

1) 选题背景

竞赛主题："珍爱生命，奉献社会"，内容为："在突发灾难中，有助于救援、破障、逃生、避难的机械产品的设计与制作"。

在现有破障工具中，大型破障工具普遍存在体积和质量大，不易单人携带、操作的不足，特别在高空、无夜、气、电等动力源的特殊环境下不便操作，甚至不能操作；小型破障工具存在剪切力小，不能用于扩张的弱点。针对以上问题，制作者设计了如图 14.12 所示的破障钳。它最大的优点是无需动力源，小巧轻便，可单人操作，且集剪切、扩张于一体，剪切扩张大，它特别适合如下场所：

图 14.12　破障钳

(1) 地震现场。在偏远的山区或电力严重受损的灾难现场，无需动力源的破障器材尤显其优势，可以第一时间实施救援工作。

(2) 高楼火灾。大型液压剪扩器需要两人配合操作，不易携带至高空作业。本作品小巧轻便，可单人携带，实施单兵作战，轻松破除门窗，实施救援。

(3) 车祸现场。车体严重变形，伤者被困于车内，如果周围群众拥有本品，可用它轻松剪开汽车蒙皮，在消防队员赶到之前实施救援。另外，目前消防队用电锯锯开车体的方法，由于火星四溅，极易引燃车祸现场洒漏的汽油，形成火灾，甚至爆炸。本产品剪切时，不会出现火花，可以避免这点。

2）设计原理

（1）结构设计。

曲柄滑块机构是常用的平面四杆机构，通常情况下以曲柄为主动件，通过连杆驱动滑块，把曲柄的旋转运动转变成滑块的往复直线运动，实现了两种不同运动方式之间的转换。曲柄滑块机构结构简单，动作可靠；但缺点在于曲柄为主动件时，有死点位置，常利用惯性等绕开死点位置。

如图14.13所示，钳口1、中心销2、连杆4和丝杆螺母5组成了一个曲柄滑块机构，并以丝杆螺母5（相当于滑块）作为主动件通过连杆4驱动钳口1（相当于曲柄），使钳口1绕中心销2在一定范围内往复转动，实现钳口1的张开闭合。以丝杆螺母5为主动件即解决了死点位置的干扰问题，又使钳口1部分重量大幅减轻的同时得到了较高的安全稳定性。

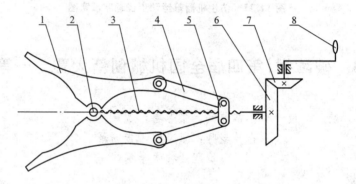

图 14.13　破障钳结构组成示意图

1—钳口；2—中心销；3—丝杆；4—连杆；5—丝杆螺母；

6—大齿轮；7—小齿轮；8—手柄

（2）省力原理。

利用杠杆原理增力、螺旋增力机构和齿轮减速增力机构使手摇力放大，达到剪扩的作用。

首先手柄半径大于小齿轮半径，作为第一级增力机构，其次齿轮减速机构作为第二级增力机构，滑动螺旋传动作为第三级增力机构。如果摇臂半径为200～250mm，锥齿轮的齿数比为1:2，丝杆的螺旋升角约为3.5°～3.8°的范围内（自锁角度小于4.6°），则增力比在(6～8)×2×8范围内，最终可把100N的手摇力放大68～180倍。

（3）钳口的机构设计特点。

钳口剪胀一体，一钳多用，刃口设计合理、巧妙。钳口前段四方形部分用于扩张，大圆弧刃口处用于剪切板材，月牙形刃口处剪切棒料，一方面剪切力较大，另一方面又能防止圆钢滑脱，起到防滑作用。钳口集合了扩张钳和绝缘剪的扩张于剪切功能，使用过程无需拆卸组合，方便快捷且质量较轻。刃口楔角角度选择适当，既保证了刃口具有一定的强度，又保证了刃口具有足够的韧性。

（4）钳口的热处理和强度。

常用的建筑类钢筋硬度一般在 HRC13～18，淬火后的 45♯钢硬度在 HRC35～40。所以，钳口的硬度不应该小于 HRC55～60，且钳口材料具有较强的淬透性，经过最终热处理的钳口应该具备外部坚硬内部柔韧的特点。但是，在机械加工前毛坯的硬度不得大 30～35HRC。综合以上要求，钳口材料必须选用含有高 Cr 的工具钢。这样，就可保证毛坯经过退火处理具有较高的机械加工性能。最后，经过表面渗碳处理获得较高的硬度。

（5）工作原理及运动分析。

工作原理：当手摇动摇臂时齿轮减速增力机构首次放大手摇力，丝杆螺母机构再次放大手摇力，被放大的手摇力借助丝杆螺母的轴向位移通过丝杆作用于钳口，使钳口绕中心销转动，当螺母远离中心销时钳口张开，实现扩张功能，当螺母靠近中心销时，钳口闭合，实现剪切功能，通过改变手柄旋转方向即可实现破障钳扩张与剪切功能。

机构的运动简图如图 14.14 所示，手柄为主动件，当其顺时针转动时，齿轮转动滑块 B 在丝杆做左右运动，带动钳口张开或闭合。

运动分析：逆时针转动手柄→滑块从 B 向 B1 移动→由连杆带动钳口张开

顺时针转动手柄→滑块从 B1 向 B 移动→由连杆带动钳口闭合

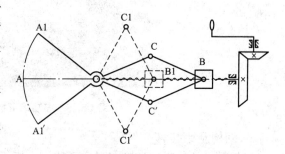

图 14.14　破障钳工作原理示意图
A—钳口闭合位置；A1—钳口最大扩张位置；
B—滑块末端位置；B1—滑块初始位置

3）创新点及应用

（1）无需特有的动力源。避免了现有剪切和扩张装置必须外加动力源才能工作的缺陷。

（2）一钳多用，剪胀一体。不仅可以剪钢筋、铁皮，也可以胀墙体、顶预制板等。

（3）刃口防滑设计。刃口采用防滑设计防止圆钢滑脱，刃口前端倒齿设计是防止扩张力过大使物体滑落，而刃口楔角设计既保证了足够强度又保证了锋利程度。

14.4　多功能可折叠省力运输车
（第一届江苏省大学生机械创新设计大赛　三等奖）

设计者：贡永崎，丁相海，李智洋，章华伟，胡友超
指导老师：葛乐通　屠勇寿
常州大学

1）选题背景

针对没有电梯的楼房，上下运送货物困难的现状，开发一种新颖的、可以平地与爬楼兼用的多功能运输车，如图 14.15 所示。此车平时不用时可以折叠，根据不同的使用对象，车体可以调节高度和长度。

图 14.15　多功能可折叠省力运输车

2）结构及特点

可折叠多功能省力运输车身由可伸缩主架、可伸缩副架、转位推拉把手组成，左右采用平行铰四杆机构调整副架高度，三角车轮架连接在车轴，取下定位栓即可调整上下高度，座位可拆卸（运物时要拆下），如图 14.16 所示。其特点如下。

（1）爬楼。车轮架采用连体三角形结构，使车轮形成一个外缘为一个以中心为圆心的轮子，当车轮爬楼时，这种特别设计的车轮的接触地面的车轮刚好卡在楼梯台阶的棱角上，而随着车轮的转动，因另一个轮中心与其他两个轮有一定的距离形成力偶，然后就实现了第三个轮上台阶爬楼，爬楼的拉力根据位置的不同是提升重物的几分之一。

（2）载重量大。该运输车共有 12 个轮子，任何时候都有八个轮子接触地面，可以装运 200～300kg 的重物。

（3）地面运输无障碍。与上楼梯的原理一样，在起伏不平地面运输时，推动非常省力。

（4）运送大件。车体设计成长度可以拉伸的形式，可以运送大件物体。

（5）组合。2 到 3 个车身可以连接成一体，运送超长物件。

3）使用说明

当车子处在如图 14.16(a)所示最高位置时，安上座位可以实现载人，可用于推老人和小孩上楼梯，也可以推比较小的物品；卸下中间四个螺钉螺母，如图 14.16(b)所示，实现了车子的伸缩，这时面积变大，座位也可以卸下，实现了推大的东西上下楼梯，安装拆卸非常方便。不用收藏时的状态如图 14.16(c)所示。

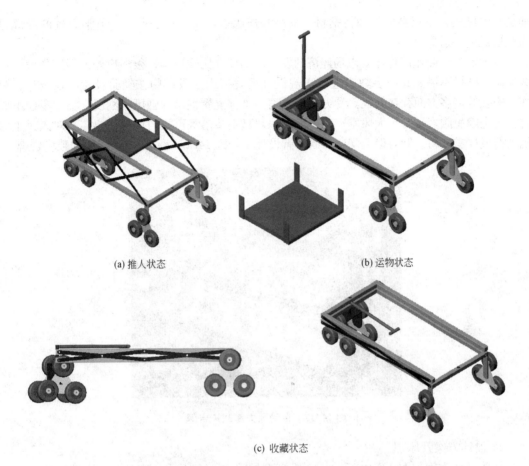

(a) 推人状态   (b) 运物状态

(c) 收藏状态

图 14.16　多功能可折叠省力运输车结构

14.5　自动风力卸载广告牌
（第三届江苏省大学生机械创新设计大赛　一等奖）

设计者：施建平，李国辉，龚珊珊，刘丹，刘丽君
指导教师：李超，陈玲
南京师范大学

1）研制背景

户外广告牌的意外损坏是一个直接威胁广大人民群众生命和财产安全的重大安全隐患。在广告牌意外损坏事件中，最突出的损坏形式是突遇局部强风，致使广告牌坠落甚至整体垮塌。特别是随着市场经济的迅速发展，户外广告牌越做越大，越做越高，广告牌被强风吹垮，造成重大人员伤亡的事故常见报端。从广告牌的设计方面看，除了广告牌受风面积大，支架强度不够以外，更重要的原因是在突如其来的大风中，一般广告牌不能释放强风对其造成的强大瞬时或短时间的作用力，当这种作用力超出广告牌结构强度时，就会发生垮塌事故。因此，增加广告牌及其支架的强度是解决问题的直接方法。但是强度的增加是有限度的，不仅会大量消耗钢材，提高制作成本，而且对于雷雨季节常出现的局部超强风还是防不胜防。

我国的户外商业广告随着市场经济的发育成长如今比比皆是，很多户外大型广告牌已年久失修，破烂不堪。其中多数未进行正规设计而直接由建设部门按经验设置，在设计、制作、安装等诸多方面存在问题，受力概念不清，构件配置混乱，强度、刚度、稳定考虑不周详，安全隐患颇多。每年大风季节广告牌倒塌、高空坠落等事故时而见诸媒体，对人民生命财产造成严重威胁。针对以上问题，制作者设计了如图 14.17 所示的自动风力卸载广告牌。

图 14.17　自动风力卸载广告牌

2）设计方案及原理

总体设计方案如图 14.18 所示，三维模型如图 14.19 所示。其工作流程图如下。

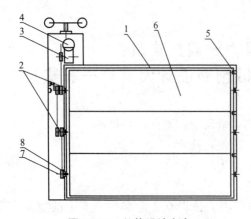

图 14.18　总体设计方案

1—广告牌框架；2—齿轮；3—电动机；
4—风速测控仪；5—行程开关；6—风窗式广告版；
7—转轴；8—轴承；9—链条

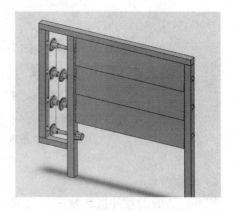

图 14.19　三维模型设计图

（1）用风速测量器件实时测定风速，并用光电脉冲发生器将测风仪的旋转变换为与其转速成比例的脉冲信号；

(2) 用单片机对脉冲计数，并把脉冲转换为相应的风速与风力数值通过液晶显示器显示出来。将风速与预先设定的极限参数比较，通过继电器控制电动机转动动作；

(3) 电动机通过减速装置和传动机构，带动百叶窗式广告牌牌面的叶片作角度调整；

(4) 风速减小到安全范围后，叶片复位，广告牌恢复原状。

用此方法调节百叶窗式广告牌牌面的叶片的迎风角度，减小有效受风面积，从而实现风力载荷卸载，以保证广告牌的安全，如图 14.20 所示。

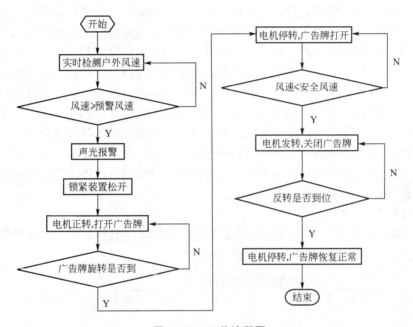

图 14.20 工作流程图

测风传感器被安装在广告牌上或能够测量广告牌附近实时风速的地方。传感器输出反映风速大小的电信号送入测风仪，测风仪中的测量电路把信号换算成风速值，一面送入显示器显示出风速大小，一面送入风速比较电路的一个输入端；预警风速(图 14.21)和复位风速(图 14.22)设定按钮可以设定广告牌设计强度所能抵抗的最大风速和可以使广告牌工作的安全风速，把设定值转换成电信号输入到风速比较电路。

图 14.21 预警风速

图 14.22 复位风速

当实时风速小于预警风速时,比较电路无输出,叶片被叶片电磁锁定器平展地锁定在其基体框架上,正常发挥广告作用;当实时风速达到或超过预警风速时,比较电路向避风继电器发出闭合信号,此信号首先使叶片电磁锁定器放松,然后接通电动机正转电路。电动机开始正转并由减速器把速度降低到合适的转速后传递给链轮,链轮通过链条把运动传递给安装在叶片转动轴上的链轮,从而带动叶片转动。

风速测控仪随时测量广告牌的环境风速,当环境风速低于设定的启动风速时,风作用在广告牌上的力低于广告牌的设计强度值,广告牌是安全的,自动控制系统不动作,锁紧装置锁紧广告牌使其稳定地保持原状,正常发挥其广告宣传的作用;当环境风速超过风速设定值时,说明风对广告牌的作用力有超过其设计强度的危险,测风设定装置中的比较电路发出信号给输出继电器,电路启动电动机。电动机通过减速器减速、链轮链条传动装置带动百叶窗式广告牌牌面叶片旋转,减小广告牌迎风面积。旋转到指定角度后广告板压合限位开关,电动机停止转动。由于采用涡轮蜗杆或其他大传动比的减速器,故电机停转后能够保持自锁状态,作用在广告牌上的不平衡风力不能使广告板叶片来回摆动;当环境风速减低到指定风速的下限值时,比较电路通过另一个输出继电器发出电动机反转指令,电动机反转,带动广告牌复位,限位开关在复位完成时发出信号,停止电动机的转动并启动锁紧装置把活动的广告板锁紧在其框架上。

3) 控制系统

硬件系统采用 AT89S52 为核心控制器件,组成的硬件电路如图 14.23 所示,实验证明,能够胜任本广告牌所需要的有关控制功能。

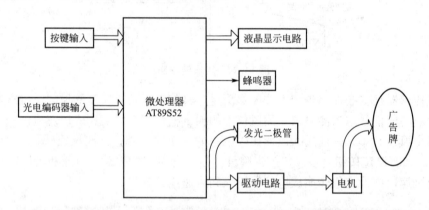

图 14.23　系统硬件组成框图

风速传感器由受风旋转机构和脉冲编码器组成,是把风速转换成与其相对应频率脉冲的光电脉冲发生器。共引出三条线,分别为风速电源线、风速地线和风速信号线。单片机通过对脉冲计数转换为相应的风速与风力数值通过液晶 LCD12832 显示出来。

系统采用液晶显示器为 TCM12832D,中文液晶显示,自带中文字库,每屏可显示两行,每行最多显示 8 个汉字。液晶显示分为三屏,如图 14.24 所示。第一屏为实时显示户外风速和风力;第二屏和第三屏显示风速极限值。第二屏编辑标志在极限 1 前;第三屏编辑标志在极限 2 前。极限 1 和极限 2 分别对应安全风速和预警风速。

根据需要设定翻屏键 SET、风速加键 UP、风速减键 DOWN 共三个独立式按键。工作流程是:开机后进入第一屏;第一次按下 SET 键进入第二屏,可编辑安全风速。即用

风速:xx.xm/s	▲ 极限1:xx.xm/s	极限1:xx.xm/s
风力:x级	极限2:xx.xm/s	▲ 极限2:xx.xm/s

图 14.24　液晶显示图

UP 或 DOWM 键对系统缺省安全风速进行加或减操作；第二次按下 SET 时，可对预警风速进行设置；第三次按下 SET 后回到第一屏。

驱动电路有三极管、继电器以及电阻和电容组成，如图 14.25 所示。电源 V_{DD}(12V) 同时对继电器和三极管供电。单片机的输出引脚 P1.0 和 P1.1 分别对应继电器 K1 和 K2。由于单片机复位后，I/O 口都是高电平，为了防止正常状态下继电器吸合，所以 P1.0 和 P1.1 引脚通过一个非门接到三极管的基极。

当 P1.0 引脚输出低电平时，三极管 Q1 导通，继电器 K1 吸合，同时发光二极管 D1 亮；同样 P1.1 引脚输出低电平时，三极管 Q2 导通，继电器 K2 吸合，发光二极管 D2 亮。

接上电源后，LCD 初始化，开启总中断、INT0、INT1、T0 和 T1 中断系统，系统开始扫描 LCD，并检测是否有脉冲传送。若有，则对其进行采样和数据处理，转换为相应的风速和风力通过 LCD 显示出来；若否，液晶屏显示初始化的内容，即风速和风力值都为 0。主程序流程图如图 14.26 所示。

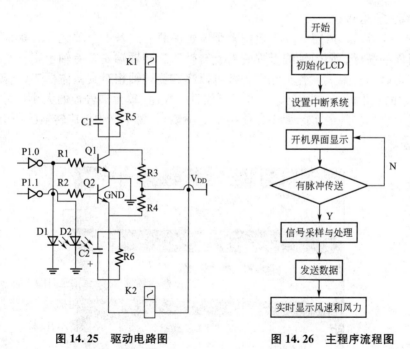

图 14.25　驱动电路图　　　　图 14.26　主程序流程图

按键输入和液晶显示程序流程如图 14.27 所示。每次按下 S2 键可使安全风速或预警风速加 0.1，S2 键在第一屏按下时液晶屏亮，延时 10s 自动熄灭。按下 S3 键可使安全风速或预警风速减 0.1。S1、S2、S3 分别为 SET、UP、DOWM 键。

4）结构及特点

整个系统由风窗式广告板、电动机及动力传动系统、自动控制系统 3 部分组成。

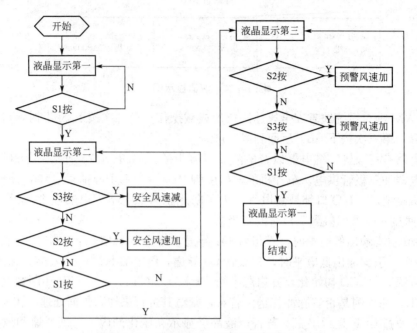

图 14.27　按键输入和液晶显示程序流程图

（1）风窗式广告板。

如图 14.28 所示，风窗式广告板把整个广告牌面分成若干个单元广告板面，在每个单元广告板面的横（纵）向中轴线上安装有旋转轴，旋转轴端安装有轴承，轴承的外圈安装在支撑广告牌的支架上，各单元广告板可以绕其旋转轴相对其基体框架（支架）旋转摆动一个近 90°的角度，基体框架与广告板形如百叶风窗（单元广告板的大小尺寸和横竖排列划分根据整个广告牌的实际大小和使用情况调整），每个广告板旋转轴的一个端部安装有链轮。

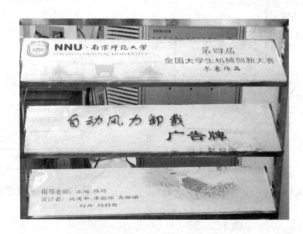

图 14.28　风窗式广告板

（2）电动机及动力传动系统。

电动机（图 14.29）的高速转动经过蜗轮蜗杆等大降速比的减速器变成慢速转动，再经过链轮链条（图 14.30）把运动传递给各广告板的旋转轴。

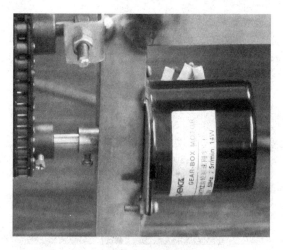

图 14.29 电机

图 14.30 链轮链条

(3) 自动控制系统。

自动控制系统有风速测控仪(图 14.31)、中间继电器、电动机正、反转驱动电路、广告板电动锁紧装置、广告板正常位置和旋转到位限位开关(图 14.32)等组成。其中测风仪中包括风速传感器、风速测量电路、风速显示电路、预警风速设定按钮和比较电路、输出继电器等。

广告板电动锁紧装置在广告板开始防风转动以前和恢复原位以后把广告板与其基体框架锁紧,防止广告板在平时受小风的影响产生晃动,影响广告效果,而当广告板需要转动时,锁紧装置则处于松开状态;广告板正常位置限位开关和旋转到位限位开关限定广告板的转动角度,向控制系统提供转动到位信号并停止电动机的转动。

利用安装在广告牌上的风速测量器件实时检测户外的风速,在设计抗风能力之内,广告牌各活动部件相互锁死,和普通广告牌一样工作;一旦风力超出设定范围,控制中心迅速启动应急系统,打开活动部件释放风压;当风力减弱到安全风速后,应急系统会自动关闭,广告牌恢复正常。

图 14.31　风速测控仪

图 14.32　限位开关

广告牌的牌面为百叶窗式并设有叶片电磁锁定器,牌面的各叶片的转动轴装配在传动机构上;电动机通过减速器与传动机构装配;测风仪带有避风继电器和复位继电器,两个继电器分别与电动机正反转控制电路连接,避风继电器还与叶片电磁锁定器连接;传动机构上分别设置正常位置到位限位开关和旋转到位限位开关。本发明可以实现广告牌风力载荷的卸载,提高了户外广告牌抗强风的能力。

5) 创新点及应用

该作品可在无人监控的情况下,对用风力进行实时监测,并根据预先设定的预警风力及时启动风力卸载保护装置工作,当风力下降后,保护装置恢复广告牌到原状。系统以机械设计为主,并采用了机电一体化技术,并有效降低制造用钢铁材料的使用量。

该作品是对现有广告(强度)制作技术的更新换代技术,不仅可以节约大量的钢材,实现节能减排的功效,最主要的是大大提高了广告牌的安全性能,使其变为带有智能、能够"见风使舵"的安全广告牌。如果推广工作能够做好,预计可以带来广告结构设计的一场变革。因此有着广阔的市场前景和良好的经济和社会效益。

14.6　管内焊接机器人(第十一届全国"挑战杯"竞赛　三等奖)

设计者：李　航　曲靖祎　俞成龙　孔金山　王　云

指导老师：沈惠平/刘善淑/邓嘉鸣/蒋益兴

常州大学

螺旋驱动管内焊接机器人如图 14.33 所示，管内直径为 90mm，由动力驱动装置、行走导向装置、万向节及附件组成，弹簧机构使驱动轮和导向轮始终紧贴管壁；驱动轮因其转动轴线与转子转动轴线呈一倾斜角作螺旋运动使机器人沿管内直线行走。

图 14.33　螺旋驱动管内机器人实验样机

1) 选题背景

管道是石油、天然气、自来水等长距离输送的重要载体，出于管道安装、维护及检测等工作稳定性、安全性以及工作效率的考虑，管道焊接作业越来越多地要求采用管内机器人作为移动载体来代替人工操作。目前国内外管道机器人移动机构的驱动方式包括电机驱动、压电驱动、气压驱动、液压驱动等，而机器人的行走方式又可分为惯性冲击行走、蠕动爬行、弹性驱动行走及轮式行走等，通过对比研究发现，现有管道机器人都存在诸如：①驱动原理和结构相对复杂；②多数只能用于直径较大的管道，对于直径较小的管道则很难实现；③动力提供大都要求外接电源，从而限制了机构的灵活性和运动范围；④很多机构只适用于特定直径的管道，对于直径有变的管道或弯曲管道则无法运行等不同程度的不足之处，以至于它们很难被广泛地推广应用。

2) 结构及原理

该作品基于螺旋驱动，具有运行稳定、结构简单、制造加工方便等优点。如图 14.34 所示，该机器人由动力驱动装置、行走导向装置、万向节及附件组成，1～7 为动力驱动装置，9～12 为行走导向装置，附件包括焊枪及其辅料。

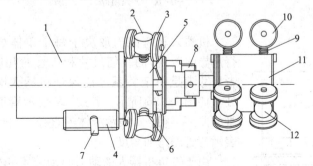

图 14.34　螺旋驱动管道机器人的整体结构

1—电机；2—轮架；3—驱动轮；4—控制装置；5—驱动转子；6、9—弹簧；
8—万向节；10—导向轮；11—圆筒形体；12—导向轮架

行走导向装置由圆筒形体 11 的外壁上安装有三组呈对称布置的导向轮架 12 组成，每组导向轮架上再安装二个导向轮 10，其转动轴线与圆筒形体的轴线相互垂直，这样可以保证机器人运动的平稳性。

动力驱动装置由电动机 1 驱动转子 5 构成，转子的外壁上分别安装有三组呈对称布置的轮架 2，每组轮架上再安装有二个驱动轮 3，且其转动轴线与转子的转动轴线呈一倾斜角。轮架 2 和行走导向装置上的导向轮架 12 均为浮动体，且分别用弹簧 6、9 来产生一定的经向涨缩量使轮架和导向轮架的所有轮子 3、10 始终贴紧于管道的内壁。驱动轮 3 的运动轨迹为空间螺旋线，行走导向装置起到直线导向行进作用，而万向节 8 保证机器人在弯曲管道内顺利运行。

该管道行走机器人的工作原理是：电动机 1 驱动圆形转子 5 转动，圆形转子 5 外壁上的三组驱动轮 3 因贴紧于管道内壁产生的摩擦力而转动，因驱动轮 3 的转动轴线与转子 5 的轴线呈一锐角倾斜角，因此，驱动轮 3 与管道内壁接触点的运动轨迹为沿着管道轴线的空间螺旋线，从而迫使动力驱动装置沿管道轴线行走；而行走导向装置的圆筒形体 11 的三组导向轮 10，因其转动轴线与圆柱或圆筒形体 11 的轴线相互垂直，故行走导向装置只能沿管道轴线方向随动力驱动装置一起前进或后退，起到导向作用，以保证机器人整体在管道中能够平稳地行进。电动机 1 既可以采用自带电池驱动，也可采用外接交流电或直流电驱动。

若在驱动装置 1 上安装焊枪，则可焊接周向或螺旋形焊缝，若在行走导向装置 11 上安装焊枪，则可焊接轴向焊缝，其同时必须配置装摄像头以及无线电控制装置 4（图 14.34），再利用无线视频传输成像技术等手段，就可使该管内机器人实现管内焊接智能化。

3）行走速度分析

在理想情况下，机器人行走方向是沿着管道轴线方向，其移动速度只与电机转速 n、驱动轮直径 $2r$、驱动轮 3 的轴线与管道轴线的夹角 θ 有关，如图 14.35 所示，设 R 为管道半径，机器人行走速度为 V、电机转动角速度为 ω，则有

因为
$$V_1 = \omega(R-r)$$

于是
$$V_2 = V_1/\cos\theta = \omega(R-r)/\cos\theta \qquad (14-1)$$

即
$$V = 2\pi n(R-r)\tan\theta \qquad (14-2)$$

4）转弯能力

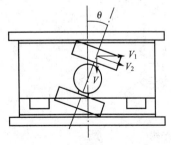

图 14.35　速度分析示意图

机器人转弯能力取决于每个单体（即动力驱动装置、行走导向装置）的几何尺寸和弯管的几何尺寸，只有当两者尺寸满足一定关系才能保证机器人顺利通过管道弯曲处。如图 14.36 所示，其中 $2R$ 表示管道直径；R_1 表示弯管的曲率半径；d 表示单体的直径；L 表示单体的长度；λ 表示弯管的弯曲角度。

由于管道机器人的动力驱动装置和行走导向装置上的轮子都是对称分布的，机器人单体与弯管处于同心状态，如图 14.36 所示，在这种状态下，机器人要通过弯管，单

体尺寸和弯管尺寸要满足下式：

$$\begin{cases} (R_1+R)\cos\lambda/2-(R_1-R)<d<2R \\ L_{max}=2\sqrt{(R_1+R)^2-(R_1+d/2)^2} \end{cases} \quad (14-3)$$

式中，L_{max} 指的是当弯管的尺寸和机器人上一单体的直径 d 一定时，能通过一定弯度时的单体最大长度，即单体的极限尺寸。

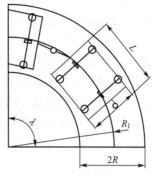

图 14.36 机器人一单体与弯管的几何关系

在弯曲管道处，随着转弯半径的变化，机器人靠近外侧轮架上的弹簧收缩。轮组向中心轴靠拢，外侧轮组不会发生干涉，但是由于内侧的弹簧拉伸，则有可能发生干涉；而驱动装置是绕着中心轴旋转，这样驱动装置和行走导向装置必定发生干涉现象，所以机器人尺寸一定时，存在极小的 R_1。

另外一个约束是万向节。在一定弯道半径下计算出万向节的转角，其极限角应大于弯管弯曲的实际转角 λ。

5）动力学分析

对管内机器人进行动力学分析，为的是求出电动机驱动力矩，为此只需对机器人在垂直管道里上升过程中进行分析，因为在其上升过程中机器人承受的载荷最大。

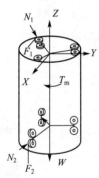

图 14.37 机器人整体受力分析

在此，先做两个假设：①驱动轮和导向轮不发生滑动现象；②三个驱动轮及三个导向轮受力均匀。

首先，对机器人整体动力分析，如图 14.37 所示。图中：N_1 为管道壁对驱动轮的压力；N_2 为管道壁对导向轮的压力；W 为机器人所承受的最大载荷（包括机器人自重）；F_1 为驱动轮沿管壁的滚动摩擦力；F_2 为导向轮沿管壁的滚动摩擦力；f 为滚动摩擦系数；T_m 为电机扭矩；θ 为驱动轮的轴线与管道轴线的夹角；F_x、F_y、F_z 分别是驱动轮轴与驱动轮之间的作用力，如图 14.37 所示。

在对管道机器人的整体进行分析时，考虑一般性假设机器人在管内为匀速行走，于是有

$$\sum Z=0$$

即

$$6F_1\sin\theta+6F_2-W=6N_1f\sin\theta+6N_2f-W=0$$

因此，机器人能克服的最大载荷为

$$W=6N_1f\sin\theta+6N_2f \quad (14-4)$$

对驱动装置整体分析，由 $\sum M_z=0$ 得

$$6(R-r)N_1f\cos\theta-T_m=0 \quad (14-5)$$

因此，所需电机扭矩为

$$T_m=6(R-r)N_1f\cos\theta \quad (14-6)$$

6）创新点及应用

（1）采用螺旋形驱动，可保证管道机器人在管道内连续运行，且行走速度除可通过改变电动机转速外还可通过调节驱动轮转动轴线与转子转动轴线的倾斜角而改变，行走效率高。

（2）采用自动弹簧机构使机器人适应管径变化，保证驱动轮撑紧管壁产生足够的摩擦

力，能在垂直、倾斜、水平管道中顺利行走，即使在管径有一定变化范围或者截面并非严格圆形的管道中也可顺利行进。

（3）采用万向节连接动力驱动装置与行走导向装置，使管道机器人自动调整、适应、通过弯曲管道，实现了管道机器人的柔软灵活性能。

该管内机器人可根据不同的实际情况在驱动装置或行走装置上安装不同的附件，如清洗装置、超声波探伤仪、清淤刀具等，并采用无线遥控技术和探头摄像技术，还可自动检测管道内的缺陷或障碍物，实现管道的检测、清洗、清淤以及修复等工作。

第**15**章
大学生工程训练
综合能力竞赛作品

15.1 全国大学生工程训练综合能力竞赛简介

全国大学生工程训练综合能力竞赛是教育部高等教育司发文举办的全国性大学生科技创新实践竞赛活动，是一项面向全国在校本科生开展科技创新工程实践活动的全国性大赛。大赛的指导思想是"重在实践，鼓励创新，突出综合，强调能力"，以提高大学生的实践动手能力、科技创新能力和团队精神。大赛每两年一次，至今已举办了两届。

2009 年首届全国大学生工程训练综合能力竞赛主题定为"节能增效"。命题源于工业生产流程中常见的控制阀，经抽象简化而成一阀体与阀芯的组合。此阀体孔与阀芯的配合精度影响到生产流程中液体介质的输送控制，要求达到开启灵活、泄漏少。要求由参赛学生设计并加工制作出一个阀体与一个阀芯，如图 15.1 所示。材料为普通铝，材料牌号自行选定。

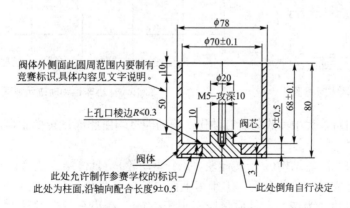

图 15.1 阀体及阀芯制作要求

阀体的内径尺寸为 $\phi70\pm0.1$mm，阀体内壁高度尺寸为 68 ± 0.1mm，外廓形状不限，但最小壁厚不小于 4mm；阀体内部底面平坦，中间开有透孔，孔的形状为非圆形柱面，其正截面轮廓的内切圆直径不小于 30mm，外接圆直径不大于 40mm；孔的廓线由多段圆弧和直线组成，圆弧和直线均不少于 4 段，且每段圆弧或直线的长度都不小于 8mm，总长度不小于 120mm。此孔与阀芯的结合方式为柱面间隙配合。柱型结合面的配合高度为 (9 ± 0.5)mm；配合部位的形状、配合公差及阀体和阀芯表面粗糙度等各项技术要求由参赛选手自行设计并标注在设计图纸上。

阀芯的设计要求如图 15.1 所示。在阀芯的顶部，设计出直径 20mm 高 10mm 的凸台，作为用机器人装配时的夹持部位。凸台中心设计 M5 攻深 10mm 的螺纹盲孔，供检测时安装拉杆用。

阀体外侧图中所标出的 50mm 高度全圆周范围内要求制有参赛队自主设计的本届竞赛标识和全国大学生工程训练综合能力竞赛徽标。标识统一规定为"2009 全国大学生工程训练综合能力竞赛"字样，其字体、大小及其做法不限；徽标属于自主创意设计内容，要求反映工程训练综合能力竞赛主题。以上内容均作为评分点之一。允许在阀体底面制作参赛学校标识，形式不限，但不作为评分内容。

2011 年第二届全国大学生工程训练综合能力竞赛的主题为"无碳小车"。要求参赛学生以重力势能驱动的具有方向控制功能的自行小车。

给定一重力势能，根据能量转换原理，设计一种可将该重力势能转换为机械能并可用来驱动小车行走的装置。该自行小车在前行时能够自动避开赛道上设置的障碍物（每间隔1m，放置一个直径 20mm、高 200mm 的弹性障碍圆棒）。以小车前行距离的远近以及避开障碍的多少来综合评定成绩。

给定重力势能为 5J（取 $g=10$m/s^2），竞赛时统一用质量为 1kg 的重块（$\phi50\times65$mm，普通碳钢）铅垂下降来获得，落差(500 ± 2)mm，重块落下后，须被小车承载并同小车一起运动，不允许掉落，如图 15.2、图 15.3 所示。

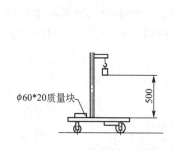

图 15.2 小车结构示意图

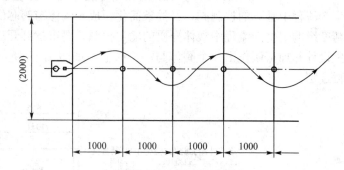

图 15.3 小车运动轨迹示意图

要求小车前行过程中完成的所有动作所需的能量均由此能量转换获得，不可使用任何其他的能量形式。

小车要求采用三轮结构（1 个转向轮，2 个驱动轮），具体结构造型以及材料选用均由参赛者自主设计完成。要求满足：①小车上面要装载一件外形尺寸为 $\phi60\times20$mm 的实心圆柱形钢制质量块作为载荷，其质量应不小于 400g；在小车行走过程中，载荷不允许掉落。②转向轮最大外径应不小于 $\phi30$mm。

参赛者需要提交关于作品的设计说明书和工程管理方案、加工工艺方案及成本分析方案报告。

要求参赛者在自制的载荷质量块上自主设计并加工出反映本届竞赛主题的徽标。参赛队参赛时同时提交徽标设计说明。

15.2 第二届全国大学生工程训练综合能力竞赛作品(江苏省二等奖)

无碳小车外形如图 15.4 所示,采用三轮结构,前轮较小,为转向轮;两后轮之一与轴固连,另一个则空套在后轴上。

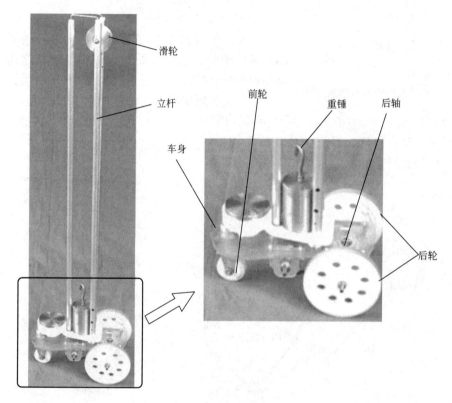

图 15.4 无碳小车照片

1) 动力系统设计

小车动力系统图如图 15.5 所示,滑轮为阶梯形状,空套在立杆顶部的一根小轴上;选择两条细线,长度均大于 500mm,其中一条一端系在重锤上,另一端绕在滑轮小径 d_1 处;另外一条细线一端系在滑轮大径 d_1' 处,一端绕在后轮轴的 d_2 处。图 15.5 中 $d_1 = 3.8mm$,$d_1' = 11mm$,$d_2 = 4mm$,后轮直径 $D = 100mm$。

当重锤在重力作用下下落时,先通过绕在滑轮小径上的细线 L_1 带动滑轮转动,再通过绕在滑轮大径上的细线 L_2 带动后轮转动,从而驱动小车行驶。

设重锤下落 500mm 可带动滑轮转动 n_1 转(近似值)、后轮转动 n_2 转,小车行驶 s(mm)。

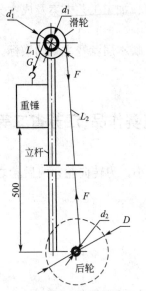

图 15.5　小车动力传递系统示意图

则　$n_1 = \dfrac{500}{\pi d_1} = \dfrac{500}{3.14 \times 3.8} = 41.9$

$n_2 = \dfrac{d_1'}{d_1} \cdot n_1 = \dfrac{11}{3.8} \cdot n_1 = 2.89 n_1$

$s = n_2 \pi D = 2.89 \pi n_1 D$

$\quad = 2.89 \times 3.14 \times 41.9 \times 100$

$\quad \approx 3.8 \times 10^4 (\text{mm})$

$\quad = 38\text{m}$

以硬塑料-光滑支撑面滚动摩擦系数约为 0.007，小车整体质量为 1.8kg，能量用 5J 理论计算可以得到运行距离也约为 38m。

2）转向系统设计

小车后轴转动带动安装在其中部的小带轮，再由小带轮带动前方的大带轮，大带轮与前轮之间用一个空间连杆机构连接，如图 15.6、图 15.7 所示。

空间连杆转向机构自由度计算如下：

$n=6$，$P_5=7$，$P_4=0$，$P_3=0$，$P_2=0$，$P_1=0$

$F = 6n - 5P_5 - 4P_4 - 3P_3 - 2P_2 - P_1$

$\quad = 6 \times 6 - 5 \times 7$

$\quad = 1$

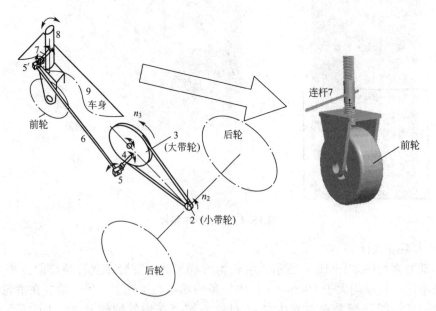

图 15.6　小车转向系统示意图

在俯视图上，空间连杆机相当于一个曲柄滑块机构，如图 15.8 所示，大带轮转一周，滑块来回运动一个循环，同时带动前轮轴左右摆动一次。其中构件 5′ 和 6 之间由螺旋副连接，目的是使连杆 6 的长度可调（调好之后两者相对固定，作为一个整体参与运动），前轮的转向是通过连杆 7 推动，调节连杆 6 的长度可控制前轮的最大转角。

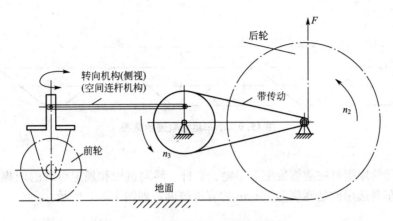

图 15.7 小车转向系统正视示意图

随着空间连杆机构的运动，前轮随其轴做相应摆动，使小车行走的路径近似于 S 形曲线，通过调整机构的传动比，小车可以实现如图 15.8 所示的轨迹曲线。

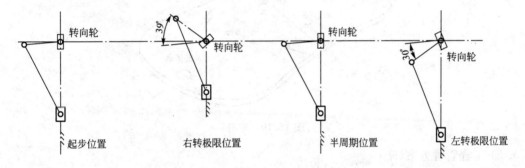

图 15.8 前轮的转向机构示意图(俯视)

小车转向时，如果两后轮转速相同，后轮之一会出现打滑现象，车轮与支撑面间产生滑动摩擦，浪费能量，所以，采用将后轮之一空套在轴上的做法。

3) 小车运动轨迹的确定

由前所述，如图 15.6 所示，大带轮 3 转一周，小车完成一个运动循环，设后轮走过一个周期的路程 S_T，由图可得

$$S_T = \frac{d_3}{d_2} \cdot \pi D$$

式中，d_3 为大带轮直径，单位 mm，$d_3 = 33.5$mm；d_2 为小带轮直径，单位 mm，$d_2 = 4$mm；D 为后轮直径，单位 mm，$D = 100$mm。

$$S_T = \frac{38}{4} \times 3.14 \times 100$$

$$\approx 2630 \text{(mm)}$$

调节的连杆 6 的长度，经过若干次试验，得出近似于如图 15.9 所示的较为理想的路径曲线，这时沿前后方向的周期近似为 2m，左右方向的摆幅约为 0.7m，路径一个周期的

长度约为3m。

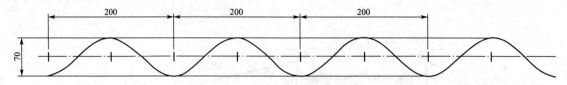

图15.9 小车运动轨迹示意图

4）车身设计

车身设计的原则是在能够装配下车轮、立杆、转向机构和规定负载的前提下，尽量小而轻，所以车身选用的是厚度为10mm的有机玻璃，如图15.10所示。

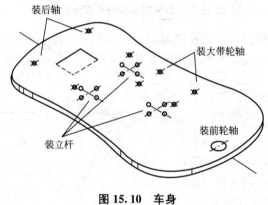

图15.10 车身

5）工程管理方案（略）

6）加工工艺方案（略）

7）创新点

（1）转向系统利用带传动和一个空间连杆机构连接后轮和前轮，使前轮（即转向轮）的偏转角度与小车的位移配合变化，达到小车既可以按规定避开标杆，又不在左右方向偏移太多，浪费行程。

（2）为了避免转弯时小车后轮与支撑面间产生滑动摩擦，浪费能量，采用了将后轮之一空套在轴上的做法。

附　　录

附录 I　机构运动简图表示符号

附表 I-1　一般构件运动简图符号

名　称	运动简图表示符号
杆、轴类构件	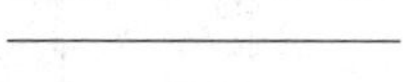
固定构件	
同一构件	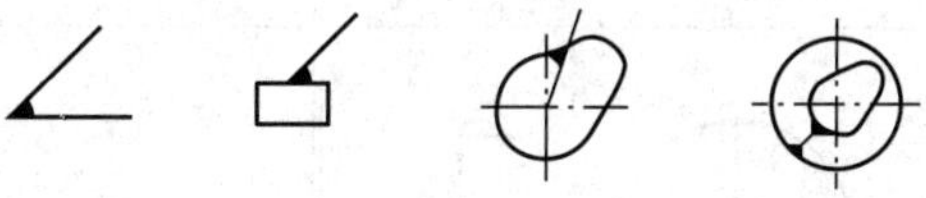
两副构件	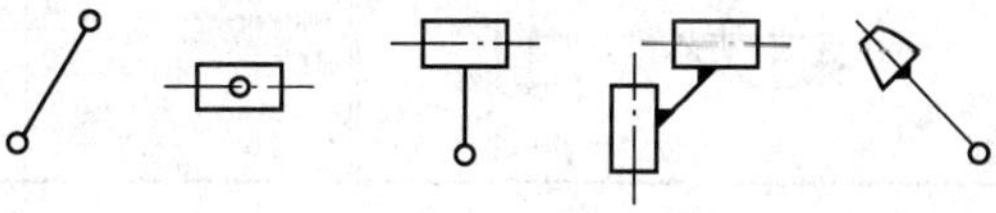
三副构件	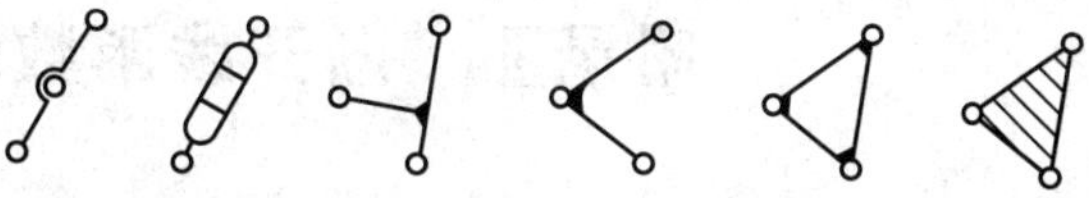

附表 I-2　常用机构运动简图符号

名称	符号	名称	符号
支架上的电机	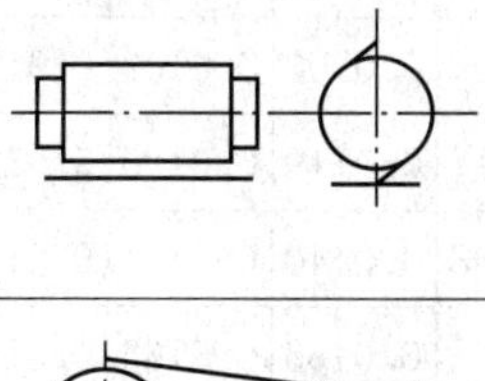	齿轮齿条传动	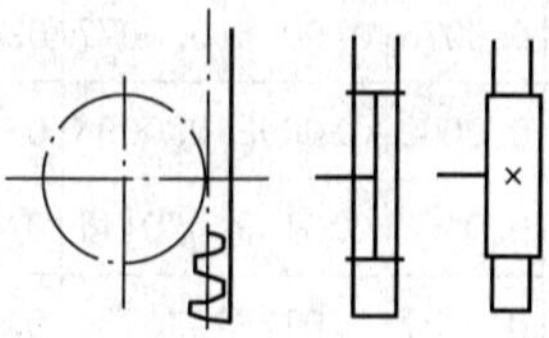
带传动	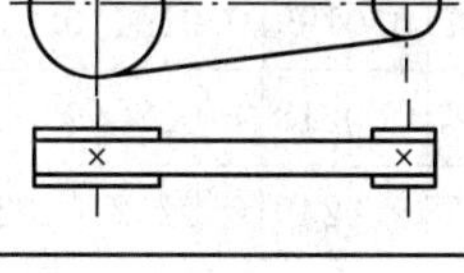	圆锥齿轮传动	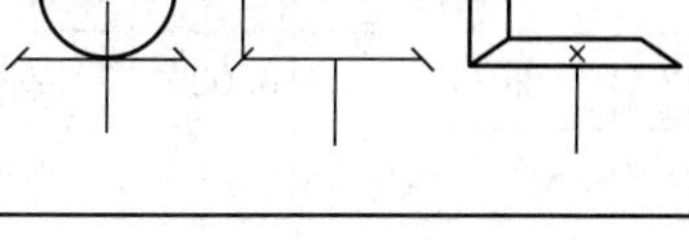

机械设计基础实验及机构创新设计

（续）

名称	符号		名称	符号		
链传动			圆柱蜗杆传动			
摩擦轮传动			凸轮传动			
外啮合圆柱齿轮传动			槽轮传动			
				外啮合		内啮合
内啮合圆柱齿轮传动			棘轮传动			
				外啮合		内啮合

附录Ⅱ 渐开线函数表

度	分											
	0	5	10	15	20	25	30	35	40	45	50	55
15	0.0061	0.0063	0.0064	0.0065	0.0066	0.0067	0.0068	0.0069	0.0070	0.0071	0.0073	0.0074
16	0.0075	0.0076	0.0077	0.0079	0.0080	0.0081	0.0082	0.0084	0.0085	0.0086	0.0088	0.0089
17	0.0090	0.0092	0.0093	0.0094	0.0096	0.0097	0.0099	0.0100	0.0102	0.0103	0.0105	0.0106
18	0.0108	0.0109	0.0111	0.0112	0.0114	0.0115	0.0117	0.0119	0.0120	0.0122	0.0124	0.0125
19	0.0127	0.0129	0.0131	0.0132	0.0134	0.0136	0.0138	0.0140	0.0141	0.0143	0.0145	0.0147
20	0.0149	0.0151	0.0153	0.0155	0.0157	0.0159	0.0161	0.0163	0.0165	0.0167	0.0169	0.0171
21	0.0173	0.0176	0.0178	0.0180	0.0182	0.0184	0.0187	0.0189	0.0191	0.0193	0.0196	0.0198
22	0.0201	0.0203	0.0205	0.0208	0.0210	0.0213	0.0215	0.0218	0.0220	0.0223	0.0225	0.0228
23	0.0230	0.0233	0.0236	0.0238	0.0241	0.0244	0.0247	0.0249	0.0252	0.0255	0.0258	0.0261

（续）

度	分											
	0	5	10	15	20	25	30	35	40	45	50	55
24	0.0263	0.0266	0.0269	0.0272	0.0275	0.0278	0.0281	0.0284	0.0287	0.0290	0.0293	0.0297
25	0.0300	0.0303	0.0306	0.0309	0.0313	0.0316	0.0319	0.0322	0.0326	0.0329	0.0333	0.0336
26	0.0339	0.0343	0.0346	0.0350	0.0353	0.0357	0.0361	0.0364	0.0368	0.0372	0.0375	0.0379
27	0.0383	0.0387	0.0390	0.0394	0.0398	0.0402	0.0406	0.0410	0.0414	0.0418	0.0422	0.0426
28	0.0430	0.0434	0.0438	0.0443	0.0447	0.0451	0.0455	0.0460	0.0464	0.0468	0.0473	0.0477
29	0.0482	0.0486	0.0491	0.0495	0.0500	0.0504	0.0509	0.0514	0.0518	0.0523	0.0528	0.0533
30	0.0537	0.0542	0.0547	0.0552	0.0557	0.0562	0.0567	0.0572	0.0577	0.0582	0.0588	0.0593
31	0.0598	0.0603	0.0609	0.0614	0.0619	0.0625	0.0630	0.0636	0.0641	0.0647	0.0652	0.0658
32	0.0664	0.0669	0.0675	0.0681	0.0687	0.0692	0.0698	0.0704	0.0710	0.0716	0.0722	0.0728
33	0.0734	0.0741	0.0747	0.0753	0.0759	0.0766	0.0772	0.0778	0.0785	0.0791	0.0798	0.0804
34	0.0811	0.0818	0.0824	0.0831	0.0838	0.0844	0.0851	0.0858	0.0865	0.0872	0.0879	0.0886
35	0.0893	0.0900	0.0908	0.0915	0.0922	0.0930	0.0937	0.0944	0.0952	0.0959	0.0967	0.0974
36	0.0982	0.0990	0.0998	0.1005	0.1013	0.1021	0.1029	0.1037	0.1045	0.1053	0.1061	0.1069
37	0.1078	0.1086	0.1094	0.1103	0.1111	0.1120	0.1128	0.1137	0.1145	0.1154	0.1163	0.1172
38	0.1180	0.1189	0.1198	0.1207	0.1216	0.1226	0.1235	0.1244	0.1253	0.1263	0.1272	0.1281
39	0.1291	0.1300	0.1310	0.1320	0.1330	0.1339	0.1349	0.1359	0.1369	0.1379	0.1389	0.1399
40	0.1410	0.1420	0.1430	0.1441	0.1451	0.1461	0.1472	0.1483	0.1493	0.1504	0.1515	0.1526
41	0.1537	0.1548	0.1559	0.1570	0.1581	0.1593	0.1604	0.1615	0.1627	0.1638	0.1650	0.1662
42	0.1673	0.1685	0.1697	0.1709	0.1721	0.1733	0.1745	0.1758	0.1770	0.1782	0.1795	0.1807
43	0.1820	0.1833	0.1845	0.1858	0.1871	0.1884	0.1897	0.1910	0.1924	0.1937	0.1950	0.1964
44	0.1977	0.1991	0.2005	0.2018	0.2032	0.2046	0.2060	0.2074	0.2088	0.2103	0.2117	0.2131
45	0.2146	0.2160	0.2175	0.2190	0.2205	0.2220	0.2235	0.2250	0.2265	0.2280	0.2296	0.2311

附录Ⅲ 螺栓组及单螺栓连接综合实验

（接微机的实验方法）

1. 系统组成及连接

LSC-Ⅲ型螺栓组及单螺栓连接静、动态综合实验系统，可由 LSC-Ⅲ型螺栓组及单螺栓组合实验台、LSC-Ⅲ螺栓综合实验仪、微机算机及相应的测试软件所组成，如图Ⅲ.1所示。

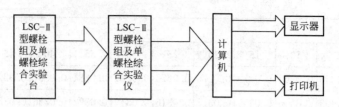

图Ⅲ.1 实验台接微机系统框图

（1）螺栓实验台上1~12号信号输出线分别接入实验仪后板相应接线端子上，每路信号为4个接头，按黄、绿、黑、红从上至下连接。

（2）计算机RS232串行口通过标准的通信线，与实验仪背面的RS232接口连接。

 提示

➢ 应连接好所有连线后再开启计算机及实验台电源，否则易损坏计算机。

2. 系统配置

（1）打开实验仪面板上的电源开关，并启动计算机。

启动螺栓实验应用程序进入程序主界面如图Ⅲ.2所示，单击【系统配置】进入图Ⅲ.3所示的对话框。

图Ⅲ.2 系统主界面

（2）在如图Ⅲ.3所示中的对话框中输入实验所用螺栓实验设备的编号，系统会自动配置所在设备一些系统设置参数。配置完成后，可以根据实验要求进入相应的实验界面。

3. 螺栓组静载实验

1）主界面及相关功能

单击【螺栓组平台】进入螺栓组静载实验界面，如图Ⅲ.4所示，包括5个功能区域：数据显示区、图形显示区、数据采集区、信息总汇区和工具栏。

数据显示区：显示螺栓编号和对应的载荷和应变。

图Ⅲ.3 系统配置界面

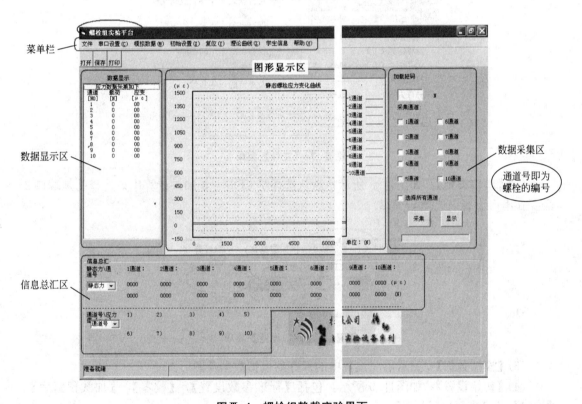

图Ⅲ.4 螺栓组静载实验界面

图形显示区：显示螺栓所受力与应变的关系曲线。

数据采集区：通过复选框来选定所要检测的某几个编号（即通道）或所有编号的螺栓，也可选定所要显示的螺栓受力情况。

信息总汇区：上一个选择框保存了最近十次采集的数据，我们选择任意选择其中一次显示数据及图形，如图Ⅲ.5所示，下一个选择框我们可以显示任意一个螺栓最近十次实验数据如图Ⅲ.6所示。

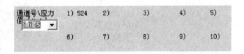

图Ⅲ.5 信息汇总1

静态力\通道号	1通道:	2通道:	3通道:	4通道:	5通道:	6通道:	7通道:	8通道:	9通道:	10通道:	
1) 3500 ▼	961	741	337	289	524	785	678	496	370	198	(μ ε)
	5593	4312	1961	1681	3049	4568	3945	2886	2153	1152	(N)

图Ⅲ.6　信息汇总 2

工具栏：包括【文件】,【串口设置】,【模拟数据】,【初始设置】,【复位】,【理论曲线】,【学生信息】及【帮助】。

(1)【文件】:【打开】,【保存数据】,【保存图片】,【打印图片】,【另存为】,【退出】—退出系统,如图Ⅲ.7 所示。

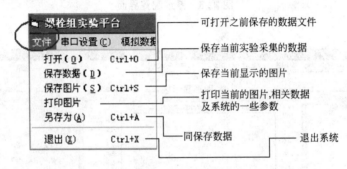

图Ⅲ.7　【文件】菜单

(2)【串口设置】:如图Ⅲ.8 所示,默认选择是 COM1 ,如果计算串口选择的是端口 2 需要在串口设置中选择 COM2。

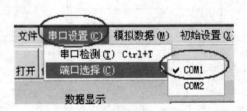

图Ⅲ.8　【串口设置】菜单

(3)【模拟数据】:显示出厂设置中的保存的模拟数据及图形。

(4)【初始设置】:如图Ⅲ.9 所示,包括【标准参数设置】,【校零】,【加载预紧力】,【标定】及【恢复出厂设置】。

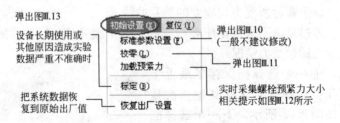

图Ⅲ.9　【串口设置】菜单

如果更换设置中相应的器件,需修改其中的参数。

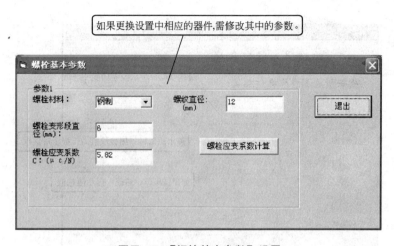

图Ⅲ.10 【螺栓基本参数】设置

第一次使用设备或反复做本实验时需要较零

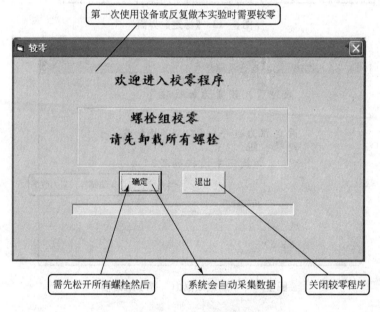

需先松开所有螺栓然后　　系统会自动采集数据　　关闭较零程序

图Ⅲ.11 【校零】界面

图Ⅲ.12 螺栓预紧力提示信息框

　　外挂标准3500N砝码悬挂完成后单击【确定】。这时系统会再采集当前螺栓受力数据,采集完成后自动算出每个螺栓的标定系数并显示在下方的文本框中,我们可以保存数据或直接【退出】。

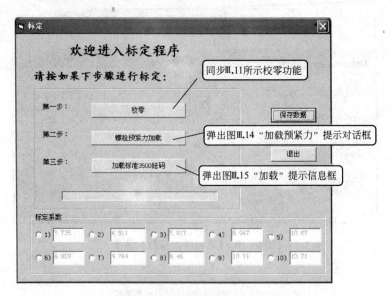

图Ⅲ.13 【标定】界面

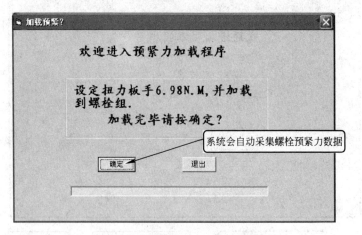

图Ⅲ.14 "加载预紧力"提示对话框

图Ⅲ.15 加载提示信息框

 提示

➤ 一般建议标定十次以上,用户需记录每次数据值。

➤ 数据处理完之后要输入到标定结果栏中。

> 通过选择其中的单选框可以修改或记录标定数据。
> 修改记录后，须保存数据方可生效。

（5）【复位】：恢复程序到初始打开状态，但不会清除标定、校零、预紧力加载及系统参数值。

（6）【理论曲线】：显示动态的理论曲线图供我们参考 如图Ⅲ.16 动态理论曲线图。

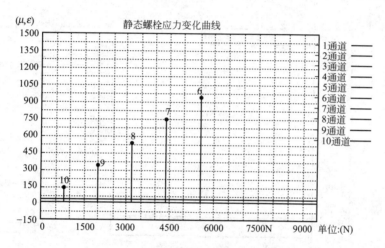

图Ⅲ.16　螺栓应力变化理论曲线图

（7）【学生信息】：主要记录当前用户信息包括姓名、学号、班级及设备使用时间。

（8）【帮助】：包括使用说明及系统版本号，使用说明可以指导用户您很好使用本系统，你可选择使用说明这一功能或按F1。

2）实验操作方法及步骤

（1）校零：松开螺栓组各螺栓。

单击工具栏中【初始设置】/【校零】如图Ⅲ.17 所示。

单击【确定】，系统就会自动校零。完毕后单击【退出】，结束校零。

（2）给螺栓组加载预紧力：单击工具栏中【初始设置】/【加载预紧力】，出现如图Ⅲ.18 所示提示信息界面。

图Ⅲ.17　螺栓组校零

图Ⅲ.18　提示信息界面

单击【确定】，此时我们可以用扳手给螺栓组加载预紧力（在加载预紧力时应注意始终使螺栓竖直），系统则自动采集螺栓组的受力数据并显示在数据窗口，通过数据显示窗口逐个调整螺栓的受力到 500 微应变左右,加载预紧力完毕。

(3)给螺栓组加载砝码:加载前先在程序界面加载砝码文本框中输入所加载的砝码的大小并选择所要检测的通道(图Ⅲ.19 所示):

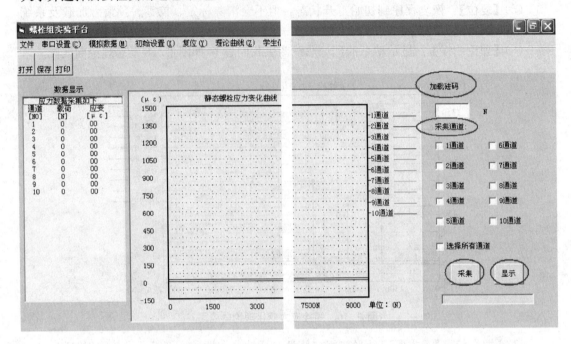

图Ⅲ.19 螺栓组静载实验界面

然后悬挂好所要加载的砝码,再单击【采集】,此时系统则会把加载砝码后的数据实时的采集上来,等到采集上来的数据稳定时单击【显示】按钮,这时系统将数据图像显示在应用程序界面上,如图Ⅲ.20 所示。

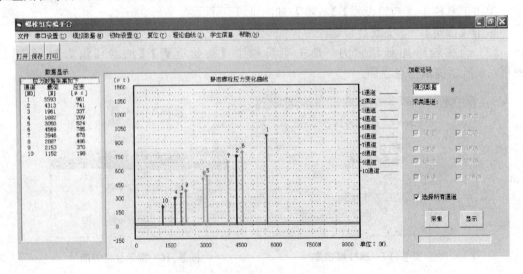

图Ⅲ.20 螺栓应力变化曲线图

4. 单螺栓静、动载实验

1) 主界面及相关功能

单击【单螺栓实验平台】进入如图Ⅲ.21 所示单螺栓实验平台主界面，与螺栓组平台类似，也包括 5 个功能区域：数据显示区、图形显示区、数据采集区、信息总汇区和工具栏。

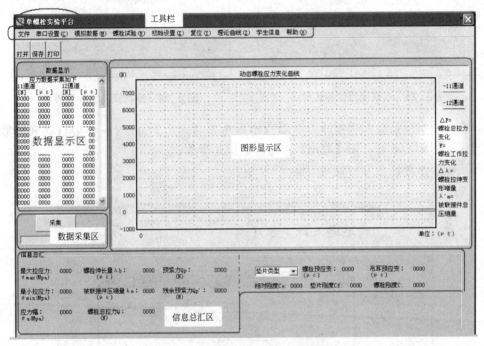

图Ⅲ.21 单螺栓实验平台主界面

单螺栓界面主要实现相对刚度测量和螺栓动载荷实验，其工具栏与"螺栓组平台"类似，除【文件】,【串口设置】,【模拟数据】,【初始设置】,【复位】,【理论曲线】,【学生信息】及【帮助】外，多了一项【螺栓实验】。

这里"单螺栓实验平台"的【初始设置】与前面"螺栓组平台"不完全相同，只包括【校零】、【标定】、【恢复出厂设置】3 项。

(1) 校零：当我们第一次使用此设备或反复做本实验时需要校零如下Ⅲ.22 图所示。

校零前需先卸载单螺栓及吊耳支撑螺杆，即松开实验台中调整螺母 5 和紧固螺母 1 (图 9.5)，单击【确定】，系统会自动进行校零，校零完毕后按【退出】即结束校零。

(2)【标定】：当设备长期使用或其他原因造成实验数据严重不准确时，可自行标定系统参数 (单螺栓及吊耳的标定系数)，如图Ⅲ.23 所示。

图Ⅲ.22 单螺栓校零界面

标定分成三步。

第一步：校零同上栏校零功能。

第二步：螺栓预紧力加载如图Ⅲ.24 所示。

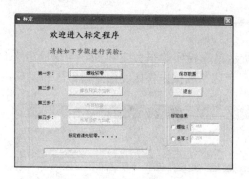

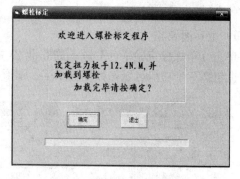

图Ⅲ.23　单螺栓测试标定界面　　　　　　图Ⅲ.24　螺栓预紧力加载界面

根据界面提示信息，螺栓外力加载完毕后单击【确定】，此时系统会自动采集数据，计算出螺栓标定的系数，按【退出】按钮即退出此步骤。

第三步：吊耳预紧力加载如图Ⅲ.25所示。

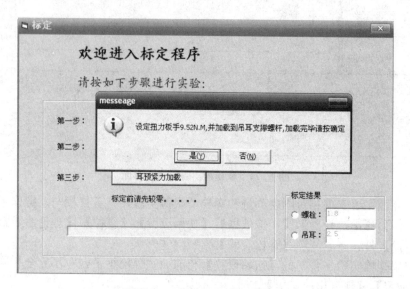

图Ⅲ.25　吊耳预紧力加载界面

根据界面提示信息操作，吊耳外力加载完毕后单击【是（Y）】，系统自动采集数据，计算出吊耳标定的系数，按【退出】按钮即退出此步骤。

标定结果显示在标定界面的右下角标定结果中，我们可选择保存数据或直接退出。

（注：标定的不准确会造成数据的失真，一般建议标定十次以上，我们需记录每次数据值最后做完数据处理请输入到标定结果栏中，通过选择其中的单选框用户可以修改或记录标定数据。修改完记录要记得保存数据方可有效。）

（3）【恢复出厂设置】：把系统数据恢复到原始出厂值，使用此功能会删除当前的所有数据，且不能恢复。

2）实验操作方法及步骤

单击单螺栓实验主界面工具栏中【螺栓实验】，如图Ⅲ.26所示，单螺栓实验包括：标准参数设置、相对刚度测量及动载荷实验。

图Ⅲ.26　单螺栓动载实验的理论曲线

（1）【标准参数设置】（图Ⅲ.27）。

如果更换设置中相应的器件，需修改其中的参数。（一般不建议修改）

（2）【相对刚度测量】（图Ⅲ.28）。

测量垫片的刚度，实验步骤如下

第一步：单击【安装垫片】，选择安装的垫片类型，并单击【确定】。按提示卸载单螺栓及吊耳螺栓，并安装好所选择的垫片（参见图9.5，即松开螺母1及螺母5）。

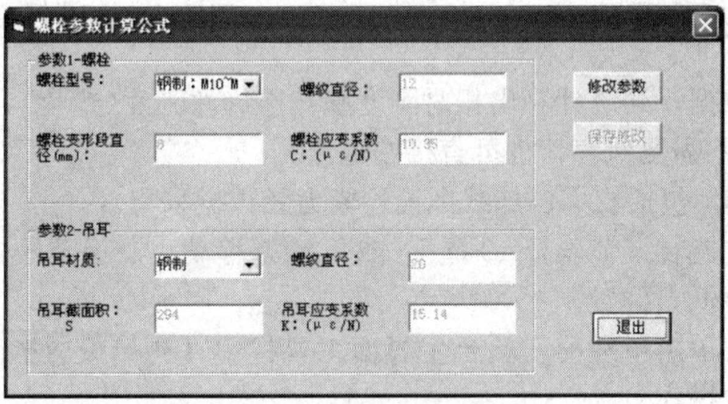

图Ⅲ.27　螺栓参数计算公式界面

第二步：单击【螺栓校零】，在螺栓及吊耳都未加载力前校零。

第三步：单击螺栓预紧力加载，如图Ⅲ.29所示。

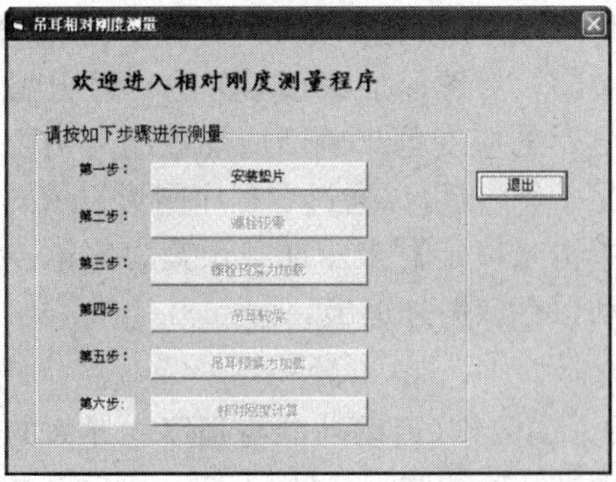

图Ⅲ.28　相对刚度测试界面　　　　图Ⅲ.29　单螺栓预紧力加载

单击【开始】，系统会采集螺栓受力数据，通过调节紧固螺母1对螺栓加载外力，并根据采集的应变数据值来判断所加载的力是否已经满足条件，当应变数据达到$500\mu\varepsilon$左右时，单击【确定】表示加载完毕，系统自动保存数据退出。

第四步：单击【吊耳校零】，在卸载吊耳支撑螺杆状态下，按【确定】键，校零结束后退出。

第五步：单击【吊耳预紧力加载】，如图Ⅲ.30所示。

单击【开始】，便看开始通过旋转调整螺母5（参见图9.5）对吊耳加载到提示值，按【确定】结束预紧力加载。

第六步：单击【相对刚度计算】，如图Ⅲ.31所示。

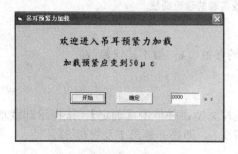 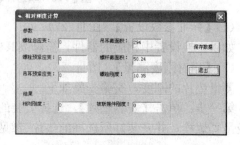

图Ⅲ.30 吊耳预紧力加载　　　　图Ⅲ.31 相对刚度计算界面

根据所采集的数据，系统计算出相对刚度和被连接件刚度（垫片），对计算的数据可选择【保存数据】，如不需要保存，也可直接按退出。

（3）动载荷实验：包括校零、加载螺栓预紧力及数据采集。

如图Ⅲ.4，首先旋转调节丝杆10摇手（图9.5），移动小溜板至最外侧位置，并将加载偏心轮9圆心转到最低点位置。

第一步：校零。单击单螺栓实验台主界面工具栏中【初始设置】，操作方法见【初始设置】中的【校零】操作。

图Ⅲ.32 预紧力加载

第二步：加载螺栓预紧力。单击工具栏中【螺栓实验】/【动载荷实验】/【加载螺栓预紧力】，如图Ⅲ.32所示。

单击【开始】，对螺栓加载，系统会采集螺栓受力数据，慢慢拧紧紧固螺母1（图9.5），对螺栓加载预紧外力，并根据屏幕所显示的应变值来判断所加载的力是否已经满足条件（也可以通过看程序图形显示的变化），单击【确定】表示加载预紧力完毕，系统自动保存数据并退出。

第三步：数据采集

单击【动载荷实验】/【启动】，系统开始采集数据（启动功能与程序主界面的采集功能相同，我们也可按【采集】按钮）。开启电动机，旋动调整螺母5（图9.5）对吊耳慢慢的加载外力，即工作载荷，根据具体实验要求选择合适值。旋转调节丝杆10摇手移动小溜板位置，可微调螺栓动载荷变化，这时可以看到程序图形界面的波形变化，如图Ⅲ.33所示。

（注：启动前需先在主界面正中下选择当前设备使用的垫片类型，在开启电动机前吊耳调整螺母5应是保持松弛状态）

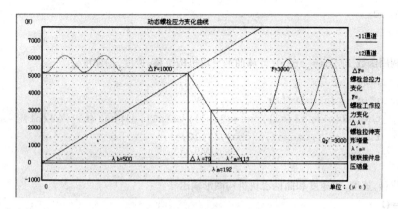

图Ⅲ.33 单螺栓动态应力变化曲线

附录Ⅳ 应用 MATLAB 软件分析曲柄滑块、曲柄导杆 机构运动参数的程序代码

在图Ⅳ.1 所示的曲柄滑块机构中，曲柄为原动件，以 $\omega_1=10$rad/s 逆时针旋转，曲柄和连杆的长度分别为 $l_1=100$mm，$l_2=300$mm。求连杆和滑块的位移、速度和加速度，并绘制出运动线图。

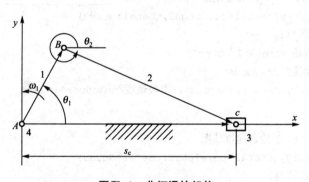

图Ⅳ.1 曲柄滑块机构

曲柄滑块机构 MATLAB 程序由主程序 slider _ crank _ main 和子程序 slider _ crank 两部分组成。

1. 主程序 slider_crank_main 文件

****

```
% 1.输入已知数据
clear;
l1=100;
l2=300;
e=0;
hd=pi/180;
du=180/pi;
```

```
omega1=10;
alpha1=0;

% 2.调用函数 slider_crank 计算曲柄滑块机构位移,速度,加速度
for n1=1:720
    theta1(n1)=(n1-1)*hd;
        [theta2(n1),s3(n1),omega2(n1),v3(n1),alpha2(n1),a3(n1)]=slider_crank
        (theta1(n1),omega1,alpha1,l1,l2,e);
end

% 3.位移,速度,加速度和曲柄滑块机构图形输出
figure(11);
n1=1:720;

subplot(2,2,1);     % 绘位移线图
[AX,H1,H2]=plotyy(theta1*du,theta2*du,theta1*du,s3);
set(get(AX(1),'ylabel'),'String','连杆角位移/\circ')
set(get(AX(2),'ylabel'),'String','滑块位移/mm')
title('位移线图');
xlabel('曲柄转角 \theta_1/\circ')
grid on;

subplot(2,2,2);     % 绘速度线图
[AX,H1,H2]=plotyy(theta1*du,omega2,theta1*du,v3)
title('速度线图');
xlabel('曲柄转角 \theta_1/\circ')
ylabel('连杆角速度/rad\cdots^{-1}')
set(get(AX(2),'ylabel'),'String','滑块速度/mm\cdots^{-1}')
grid on;

subplot(2,2,3);    % 绘加速度线图
[AX,H1,H2]=plotyy(theta1*du,alpha2,theta1*du,a3)
title('加速度线图');
xlabel('曲柄转角 \theta_1/\circ')
ylabel('连杆角加速度/rad\cdots^{-2}')
set(get(AX(2),'ylabel'),'String','滑块加速度/mm\cdots^{-2}')
grid on;

subplot(2,2,4);   % 绘曲柄滑块机构图
x(1)=0;
y(1)=0;
x(2)=l1*cos(70*hd);
y(2)=l1*sin(70*hd);
x(3)=s3(70);
y(3)=e;
x(4)=s3(70);;
```

```
y(4)=0;
x(5)=0;
y(5)=0;
x(6)=x(3)-40;
y(6)=y(3)+10;
x(7)=x(3)+40;
y(7)=y(3)+10;
x(8)=x(3)+40;
y(8)=y(3)-10;
x(9)=x(3)-40;
y(9)=y(3)-10;
x(10)=x(3)-40;
y(10)=y(3)+10;

i=1:5;
plot(x(i),y(i));
grid on;
hold on;
i=6:10;
plot(x(i),y(i));
title('曲柄滑块机构');
grid on;
hold on;
xlabel('mm')
ylabel('mm')
axis([-50 400 -20 130]);
plot(x(1),y(1),'o');
plot(x(2),y(2),'o');
plot(x(3),y(3),'o');

%  4. 曲柄滑块机构运动仿真
  figure(2)
  m=moviein(20);
  j=0;

  for n1=1:5:360
    j=j+1;
    clf;
    %
    x(1)=0;
    y(1)=0;
    x(2)=l1*cos(n1*hd);
    y(2)=l1*sin(n1*hd);
    x(3)=s3(n1);
    y(3)=e;
```

```
x(4)=(l1+l2+50);
y(4)=0;
x(5)=0;
y(5)=0;
x(6)=x(3)-40;
y(6)=y(3)+10;
x(7)=x(3)+40;
y(7)=y(3)+10;
x(8)=x(3)+40;
y(8)=y(3)-10;
x(9)=x(3)-40;
y(9)=y(3)-10;
x(10)=x(3)-40;
y(10)=y(3)+10;
%
i=1:3;
plot(x(i),y(i));
grid on; hold on;
i=4:5;
plot(x(i),y(i));
i=6:10;
plot(x(i),y(i));
plot(x(1),y(1),'o');
plot(x(2),y(2),'o');
plot(x(3),y(3),'o');

title('曲柄滑块机构');
xlabel('mm')
ylabel('mm')
axis([-150 450 -150 150]);
m(j)=getframe;
end
movie(m)
```

2. 子程序 slider_crank 文件

```
******************************************************************************
function [theta2,s3,omega2,v3,alpha2,a3]=slider_crank(theta1,omega1,alpha1,l1,
l2,e)
% 1. 计算连杆 2 的角位移和滑块 3 的线位移
theta2=asin((e-l1*sin(theta1))/l2);
s3=l1*cos(theta1)+l2*cos(theta2);

% 2. 计算连杆 2 的角速度和滑块 3 的速度
A=[l2*sin(theta2),1; -l2*cos(theta2),0];      %   机构从动件的位置参数矩阵
B=[-l1*sin(theta1); l1*cos(theta1)];          %   机构原动件的位置参数列阵
```

```
omega=A\(omega1*B);                            %    机构从动件的速度列阵
omega2=omega(1);
v3=omega(2);
```

```
%   3.计算连杆2的角加速度和滑块3的加速度
At=[omega2*l2*cos(theta2),0;
    omega2*l2*sin(theta2),0];                  %    At=dA/dt
Bt=[-omega1*l1*cos(theta1);
    -omega1*l1*sin(theta1)];                   %    Bt=dB/dt
alpha=A\(-At*omega+alpha1*B+omega1*Bt);        %    机构从动件的加速度列阵
alpha2=alpha(1);
a3=alpha(2);
```

曲柄滑块机构,如图Ⅳ.2 所示。

已知机构各构件的尺寸为:$l_1=125$mm,$l_3=600$mm,$l_4=150$mm,$l_6=275$mm,$l_6'=575$mm,原动件 1 以角速度 $\omega_1=1$rad/s 逆时针转动,计算该机构中各从动件的角位移、角速度和角加速度以及刨头 5 上 E 点的位置、速度和加速度,并绘制出运动线图。

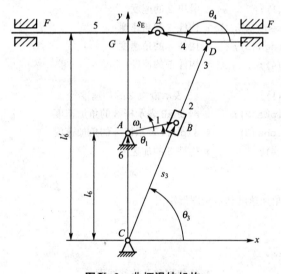

图Ⅳ.2　曲柄滑块机构

机构 MATLAB 程序由主程序 six_bar_main 和子程序 six_bar 两部分组成。

1. 主程序 six_bar_main 文件

****

```
%  1.输入已知数据
clear;
l1=0.125;
l3=0.600;
l4=0.150;
l6=0.275;
l61=0.575;
```

```
omega1=1;
alpha1=0;
hd=pi/180;
du=180/pi;
```

% 2. 调用子函数 six_bar 计算机构位移,角速度,角加速度

```
for n1=1:459;
    theta1(n1)=-2*pi+5.8119+(n1-1)*hd;
    ll=[11,13,14,16,161];
    [theta,omega,alpha]=six_bar(theta1(n1),omega1,alpha1,ll);

    s3(n1)=theta(1);          % s3 表示滑块 2 相对于 CD 杆的位移
    theta3(n1)=theta(2);      % theta3 表示杆 3 转过角度
    theta4(n1)=theta(3);      % theta4 表示杆 4 转过角度
    sE(n1)=theta(4);          % sE 表示杆 5 的位移

    v2(n1)=omega(1);          % 滑块 2 的速度
    omega3(n1)=omega(2);      % 构件 3 的角速度
    omega4(n1)=omega(3);      % 构件 4 的角速度
    vE(n1)=omega(4);          % 构件 5 的速度

    a2(n1)=alpha(1);          % a2 表示滑块 2 的加速度
    alpha3(n1)=alpha(2);      % alpha3 表示杆 3 的角加速度
    alpha4(n1)=alpha(3);      % alpha4 表示杆 4 的角加速度
    aE(n1)=alpha(4);          % 构件 5 的加速度
end
```

% 3. 位移,角速度,角加速度和机构图形输出

```
figure(3);
n1=1:459;
t=(n1-1)*2*pi/360;
subplot(2,2,1);                % 绘角位移及位移线图

plot(t,theta3*du,'r-.');
grid on;
hold on;
axis auto;
[haxes,hline1,hline2]=plotyy(t,theta4*du,t,sE);
grid on;
hold on;

xlabel('时间/s')
axes(haxes(1));
ylabel('角位移/\circ')
```

```
axes(haxes(2));
ylabel('位移/m')
hold on;
grid on;
text(1.15,-0.65,'\theta_3')
text(3.4,0.27,'\theta_4')
text(2.25,-0.15,'s_E')

subplot(2,2,2);                    % 绘角速度及速度线图
plot(t,omega3,'r-.');
grid on;
hold on;
axis auto;
[haxes,hline1,hline2]=plotyy(t,omega4,t,vE);
grid on;
hold on;

xlabel('时间/s')
axes(haxes(1));
ylabel('角速度/rad\cdots^{-1}')
axes(haxes(2));
ylabel('速度/m\cdots^{-1}')
hold on;
grid on;
text(3.1,0.35,'\omega_3')
text(2.1,0.1,'\omega_4')
text(5.5,0.45,'v_E')

subplot(2,2,3);                    % 绘角加速度和加速度图
plot(t,alpha3,'r-.');
grid on;
hold on;
axis auto;
[haxes,hline1,hline2]=plotyy(t,alpha4,t,aE);
grid on;
hold on;

xlabel('时间/s')
axes(haxes(1));
ylabel('角加速度/rad\cdots^{-2}')
axes(haxes(2));
ylabel('加速度 /m \cdots^{-2}')
hold on;
grid on;
text(1.5,0.3,'\alpha_3')
```

```
text(3.5,0.51,'\alpha_4')
text(1.5,-0.11,'a_E')

subplot(2,2,4);                    % 机构
x(1)=0;
y(1)=0;
x(2)=252.08*cos(65.556*hd);
y(2)=252.08*sin(65.556*hd);
x(3)=0;
y(3)=16*1000;
x(4)=11*1000;
y(4)=302.08*sin(65.556*hd);
x(5)=352.08*cos(65.556*hd);
y(5)=352.08*sin(65.556*hd);
x(6)=13*1000*cos(65.556*hd);
y(6)=13*1000*sin(65.556*hd);
x(7)=13*1000*cos(65.556*hd)+14*1000*cos(169.938*hd);
y(7)=13*1000*sin(65.556*hd)+14*1000*sin(169.938*hd);
x(8)=13*1000*cos(65.556*hd)+14*1000*cos(169.938*hd)-900;
y(8)=13*1000*sin(65.556*hd)+14*1000*sin(169.938*hd);
x(9)=13*1000*cos(65.556*hd)+14*1000*cos(169.938*hd)+600;
y(9)=13*1000*sin(65.556*hd)+14*1000*sin(169.938*hd);
x(10)=252.08*cos(65.556*hd);
y(10)=252.08*sin(65.556*hd);
x(11)=252.08*cos(65.556*hd)+25*cos((90-65.556)*hd);
y(11)=252.08*sin(65.556*hd)-25*sin((90-65.556)*hd);
x(12)=252.08*cos(65.556*hd)+25*cos((90-65.556)*hd)+100*cos(65.556*hd);
y(12)=252.08*sin(65.556*hd)-25*sin((90-65.556)*hd)+100*sin(65.556*hd);
    x(13)=252.08*cos(65.556*hd)+25*cos((90-65.556)*hd)+100*cos(65.556*hd)-50*cos((90-65.556)*hd);
    y(13)=252.08*sin(65.556*hd)-25*sin((90-65.556)*hd)+100*sin(65.556*hd)+50*sin((90-65.556)*hd);
x(14)=252.08*cos(65.556*hd)-25*cos((90-65.556)*hd);
y(14)=252.08*sin(65.556*hd)+25*sin((90-65.556)*hd);
x(15)=252.08*cos(65.556*hd);
y(15)=252.08*sin(65.556*hd);
x(16)=0;
y(16)=0;
x(17)=0;
y(17)=16*1000;
k=1:2;
plot(x(k),y(k));
hold on;
k=3:4;
```

```
plot(x(k),y(k));
hold on;
k=5:9;
plot(x(k),y(k));
hold on;
k=10:15;
plot(x(k),y(k));
hold on;
k=16:17;
plot(x(k),y(k));
hold on;
grid on;
plot(x(1),y(1),'o');
plot(x(3),y(3),'o');
plot(x(4),y(4),'o');
plot(x(6),y(6),'o');
plot(x(7),y(7),'o');
hold on;
grid on;
xlabel('mm')
ylabel('mm')
axis ([-400 600 0 650]);

%   4. 机构运动仿真
figure(2)
m=moviein(20);
j=0;

for n1=1:5:360
j=j+1;
clf;
x(1)=0;
y(1)=0;
x(2)=(s3(n1)*1000-50)*cos(theta3(n1));
y(2)=(s3(n1)*1000-50)*sin(theta3(n1));
x(3)=0;
y(3)=16*1000;
x(4)=l1*1000*cos(theta1(n1));
y(4)=s3(n1)*1000*sin(theta3(n1));
x(5)=(s3(n1)*1000+50)*cos(theta3(n1));
y(5)=(s3(n1)*1000+50)*sin(theta3(n1));
x(6)=l3*1000*cos(theta3(n1));
y(6)=l3*1000*sin(theta3(n1));
x(7)=l3*1000*cos(theta3(n1))+l4*1000*cos(theta4(n1));
y(7)=l3*1000*sin(theta3(n1))+l4*1000*sin(theta4(n1));
```

```
x(8)=13*1000*cos(theta3(n1))+14*1000*cos(theta4(n1))-900;
y(8)=161*1000;
x(9)=13*1000*cos(theta3(n1))+14*1000*cos(theta4(n1))+600;
y(9)=161*1000;
x(10)=(s3(n1)*1000-50)*cos(theta3(n1));
y(10)=(s3(n1)*1000-50)*sin(theta3(n1));
x(11)=(s3(n1)*1000-50)*cos(theta3(n1))+25*cos(pi/2-theta3(n1));
y(11)=(s3(n1)*1000-50)*sin(theta3(n1))-25*sin(pi/2-theta3(n1));
x(12)=(s3(n1)*1000-50)*cos(theta3(n1))+25*cos(pi/2-theta3(n1))+100*cos(theta3
(n1));
y(12)=(s3(n1)*1000-50)*sin(theta3(n1))-25*sin(pi/2-theta3(n1))+100*sin
(theta3(n1));
x(13)=(s3(n1)*1000-50)*cos(theta3(n1))+25*cos(pi/2-theta3(n1))+100*cos(the-
ta3(n1))-50*cos(pi/2-theta3(n1));
y(13)=(s3(n1)*1000-50)*sin(theta3(n1))-25*sin(pi/2-theta3(n1))+100*sin(the-
ta3(n1))+50*sin(pi/2-theta3(n1));
x(14)=(s3(n1)*1000-50)*cos(theta3(n1))-25*cos(pi/2-theta3(n1));
y(14)=(s3(n1)*1000-50)*sin(theta3(n1))+25*sin(pi/2-theta3(n1));
x(15)=(s3(n1)*1000-50)*cos(theta3(n1));
y(15)=(s3(n1)*1000-50)*sin(theta3(n1));
x(16)=0;
y(16)=0;
x(17)=0;
y(17)=16*1000;
k=1:2;
plot(x(k),y(k));
hold on;
k=3:4;
plot(x(k),y(k));
hold on;
k=5:9;
plot(x(k),y(k));
hold on;
k=10:15;
plot(x(k),y(k));
hold on;
k=16:17;
plot(x(k),y(k));
hold on;
grid on;
axis([-500 600 0 650]);
title('机构运动仿真');
grid on;
xlabel('mm')
```

```
ylabel('mm')
plot(x(1),y(1),'o');
plot(x(3),y(3),'o');
plot(x(4),y(4),'o');
plot(x(6),y(6),'o');
plot(x(7),y(7),'o');
axis equal;
m(j)=getframe;
end
movie(m)
```

2. 子程序 six_bar 文件

```
**************************************************************************
function [theta,omega,alpha]=six_bar(theta1,omega1,alpha1,l1)
l1=l1(1);
l3=l1(2);
l4=l1(3);
l6=l1(4);
l61=l1(5);
```

```
% 1. 计算角位移和线位移
s3 =sqrt((l1*cos(theta1))*(l1*cos(theta1))+(l6+l1*sin(theta1))*(l6+l1*sin
(theta1)));                          % s3表示滑块2相对于CD杆的位移
theta3 =acos((l1*cos(theta1))/s3);    % theta3表示杆3转过角度
theta4 =pi-asin((l61-l3*sin(theta3))/l4);  % theta4表示杆4转过角度
sE =l3*cos(theta3)+l4*cos(theta4);    % sE表示杆5的位移
theta(1)=s3;
theta(2)=theta3;
theta(3)=theta4;
theta(4)=sE;
```

```
% 2. 计算角速度和线速度
A=[sin(theta3),s3*cos(theta3),0,0;     % 从动件位置参数矩阵
   -cos(theta3),s3*sin(theta3),0,0;
   0,l3*sin(theta3),l4*sin(theta4),1;
   0,l3*cos(theta3),l4*cos(theta4),0];
B=[l1*cos(theta1);l1*sin(theta1);0;0]; % 原动件位置参数矩阵
omega=A\(omega1*B);
v2 =omega(1);                          % 滑块2的速度
omega3 =omega(2);                      % 构件3的角速度
omega4 =omega(3);                      % 构件4的角速度
vE =omega(4);                          % 构件5的速度
```

```
% 3. 计算角加速度和加速度
A=[sin(theta3),s3*cos(theta3),0,0;     % 从动件位置参数矩阵
   cos(theta3),-s3*sin(theta3),0,0;
```

```
    0,l3*sin(theta3),l4*sin(theta4),1;
    0,l3*cos(theta3),l4*cos(theta4),0];
At=[omega3*cos(theta3),(v2*cos(theta3)-s3*omega3*sin(theta3)),0,0;
    -omega3*sin(theta3),(-v2*sin(theta3)-s3*omega3*cos(theta3)),0,0;
    0,l3*omega3*cos(theta3),l4*omega4*cos(theta4),0;
    0,-l3*omega3*sin(theta3),-l4*omega4*sin(theta4),0];
Bt=[-l1*omega1*sin(theta1);-l1*omega1*cos(theta1);0;0];
alpha=A\(-At*omega+omega1*Bt);          % 机构从动件的加速度列阵
a2 =alpha(1);                            % a2 表示滑块 2 的加速度
alpha3 =alpha(2);                        % alpha3 表示杆 3 的角加速度
alpha4 =alpha(3);                        % alpha4 表示杆 4 的角加速度
aE =alpha(4);                            % 构件 5 的加速度
```

附录 V   运动副拼接方法

（机构运动创新设计方案实验台）

1. 实验台机架

实验台机架（图 V.1）中有 5 根铅垂立柱，均可沿 X 方向移动，旋松在电动机侧安装在上、下横梁上的立柱紧固螺钉，并用双手移动立柱到需要的位置，将立柱与横梁靠紧，再旋紧立柱紧固螺钉即可完成移动操作。

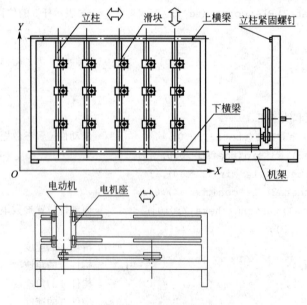

图 V.1   实验台机架

提示

◇ 定位后，若立柱与横梁没靠紧，旋紧螺钉会使立柱在 X 方向发生偏移。

◇ 立柱紧固螺钉只需旋松即可，不允许将其旋下。

立柱上的滑块可在立柱上沿 Y 方向移动，将滑块上的内六角平头紧定螺钉旋松即可，该紧定螺钉位于靠近电动机侧。

2. 主、从动轴与机架的连接

各零件编号与"机构运动创新设计方案实验台组件清单"序号相同（后述各图均相同），连接方式如图 V.2 所示。

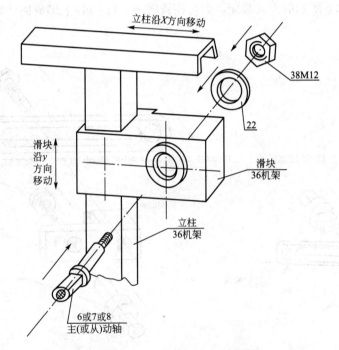

立柱沿X方向移动

38M12

22

滑块沿y方向移动

滑块
36机架

立柱
36机架

6或7或8
主(或从)动轴

图 V.2 主、从动轴与机架的连接

主（或从）动轴相对机架固定；若件 22 不装配，则主（或从）动轴可以相对机架作旋转运动。

3. 转动副的连接

如图 V.3 所示，连杆(16 或 17, 18)通过接头 9，件 19(或 20)连接，如果选用件 19，则连杆与件 9 不可相对运动，形成刚性连接；如果选用件 20，连杆与件 9 可以相对转动，从而被连接的两连杆也可相对旋转运动。

4. 移动副的连接

移动副的连接如图 V.4 所示。

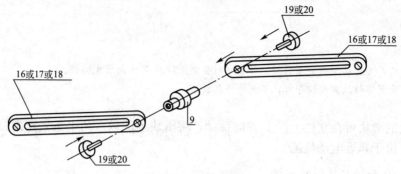

图 V.3　转动副连接图

5. 活动铰链座Ⅰ(件14)的安装

件9按图 V.5所示的方式装配，就可在铰链座Ⅰ(件14)上形成回转副或形成回转-移动副。

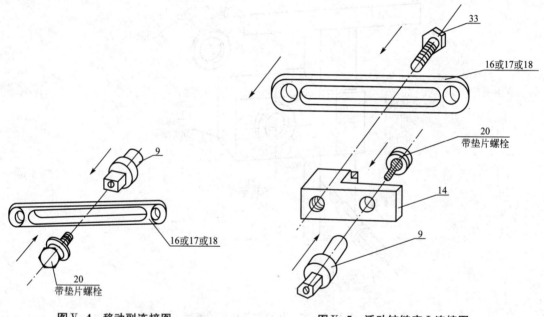

图 V.4　移动副连接图　　　　　　　图 V.5　活动铰链座Ⅰ连接图

6. 活动铰链座Ⅲ(件15)的安装

件20按如图 V.6所示方式连接，可在连杆任意位置形成铰链，从而形成回转副。

7. 复合铰链轴Ⅰ(件10)的安装(或转-移动副)

将复合铰链轴Ⅰ铣平端插入连杆长槽中时构成移动副，而连接螺栓均应用带垫片螺栓，如图 V.7所示。

8. 复合铰链轴Ⅲ(件11)的安装

复合铰链轴Ⅰ连接好后，可构成三构件组成的复合铰链，也可构成复合铰链+移动副，如图 V.8所示。复合铰链轴Ⅲ连接好后，可构成四构件组成的复合铰链。

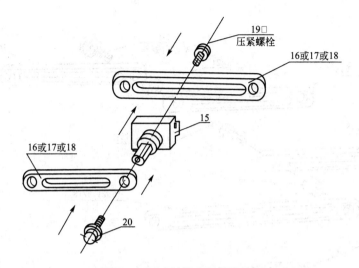

图 Ⅴ.6　活动铰链座Ⅲ的连接图

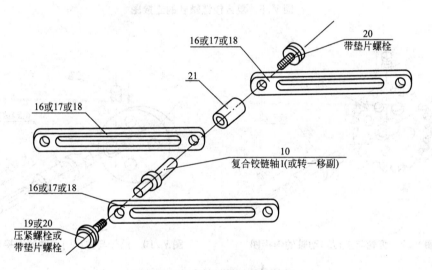

图 Ⅴ.7　复合铰链轴Ⅰ的连接图

9. 齿轮与主(从)动轴的连接图

齿轮与主(从)动轴的连接如图 Ⅴ.9 所示。

10. 凸轮与主(从)动轴的连接 (如图 Ⅴ.10 所示)。

凸轮与主(从)动轴的连接如图 Ⅴ.10 所示。

11. 凸轮副连接

按图 Ⅴ.11 所示连接后,连杆与主(从)动轴间可相对移动,并由弹簧 23 保持高副的接触。

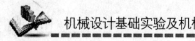

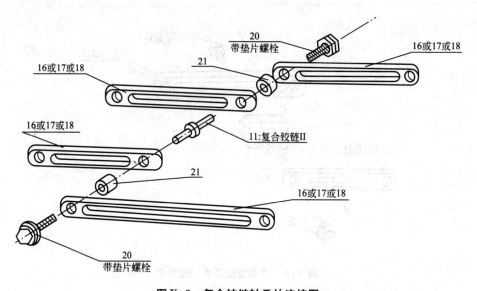

图 V.8　复合铰链轴Ⅲ的连接图

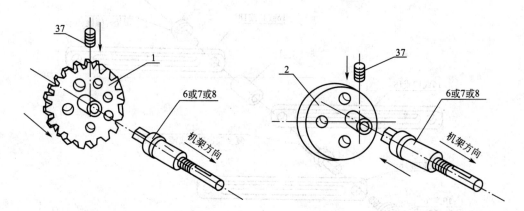

图 V.9　齿轮与主(从)动轴的连接图　　　　图 V.10　凸轮与主(从)动轴的连接图

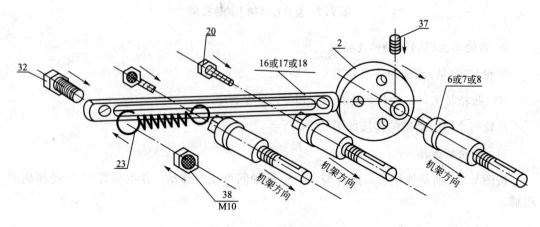

图 V.11　凸轮副连接图

12. 槽轮机构连接

拨盘装入主动轴后，应在拨盘上拧入紧定螺钉 37，使拨盘与主动轴无相对运动；同时槽轮装入主(从)动轴后，也应拧入紧定螺钉 37，使槽轮与主(从)动轴无相对运动，如图 V.12 所示。

13. 齿条相对机架的连接

如图 V.13 所示连接后，齿条可相对机架作直线移动；旋松滑块上的内六角螺钉，滑块可在立柱上沿 Y 方向相对移动(齿条护板保证齿轮工作位置)。

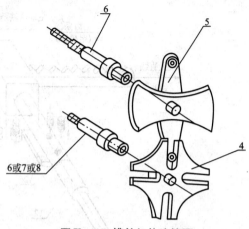

图 V.12　槽轮机构连接图

14. 主动滑块与直线电机轴的连接

当由滑块作为主动件时，将主动滑块座与直线电动机轴(齿条)固连即可，并完成如图 V.14 所示连接就可形成主动滑块。

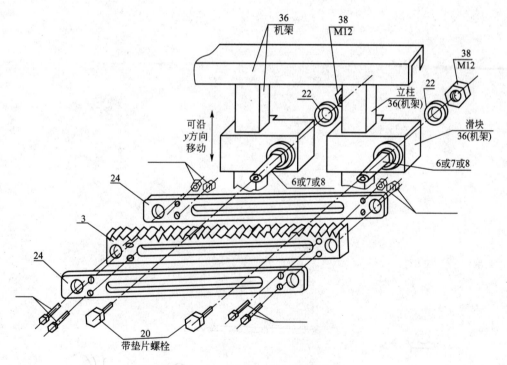

图 V.13　齿条相对机架的连接图

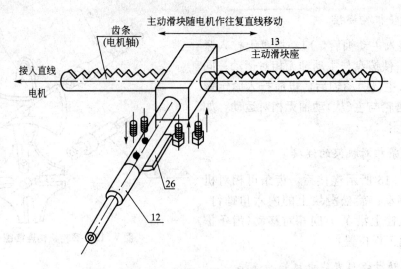

图 V.14　主动滑块与直线电动机轴的连接图

参 考 文 献

[1] http://apps.hi.baidu.com/share/detail/19734963 [EB/OL].

[2] http://wenku.baidu.com/view/597a857ca26925c52cc5bfc3.html?from=rec&pos=1&weight=5&lastweight=3&count=4 [EB/OL].

[3] 王立权. 两栖仿生机器蟹模型建立与步行足协调控制技术研究 [D]. 哈尔滨：哈尔滨工程大学, 2003.

[4] 李林. 多足仿生机器蟹结构设计及实验研究 [D]. 哈尔滨：哈尔滨工程大学, 2010.

[5] http://www.hbxftc.com/jxcxs/1/cx.html [EB/OL].

参考文献

北京大学出版社教材书目

❖ 欢迎访问教学服务网站 www.pup6.cn，免费查阅下载已出版教材的电子书(PDF 版)、电子课件和相关教学资源。

❖ 欢迎征订投稿。联系方式：010-62750667，童编辑，13426433315@163.com，pup_6@163.com，欢迎联系。

序号	书 名	标准书号	主 编	定价	出版日期
1	机械设计	978-7-5038-4448-5	郑 江，许 瑛	33	2007.8
2	机械设计	978-7-301-15699-5	吕 宏	32	2009.9
3	机械设计	978-7-301-17599-6	门艳忠	40	2010.8
4	机械原理	978-7-301-11488-9	常治斌，张京辉	29	2008.6
5	机械原理	978-7-301-15425-0	王跃进	26	2010.7
6	机械原理	978-7-301-19088-3	郭宏亮，孙志宏	36	2011.6
7	机械原理	978-7-301-19429-4	杨松华	34	2011.8
8	机械设计基础	978-7-5038-4444-2	曲玉峰，关晓平	27	2008.1
9	机械设计课程设计	978-7-301-12357-7	许 瑛	35	2009.5
10	机械设计课程设计	978-7-301-18894-1	王 慧，吕 宏	30	2011.5
11	机电一体化课程设计指导书	978-7-301-19736-3	王金娥 罗生梅	35	2012.1
12	机械工程专业毕业设计指导书	978-7-301-18805-7	张黎骅，吕小荣	22	2012.5
13	机械创新设计	978-7-301-12403-1	丛晓霞	32	2010.7
14	机械设计基础实验及机构创新设计	978-7-301-20653-9	邹旻	28	2012.6
15	TRIZ 理论机械创新设计工程训练教程	978-7-301-18945-0	蒯苏苏，马履中	45	2011.6
16	TRIZ 理论及应用	978-7-301-19390-7	刘训涛，曹 贺 陈国晶	35	2011.8
17	创新的方法——TRIZ 理论概述	978-7-301-19453-9	沈萌红	28	2011.9
18	机械 CAD 基础	978-7-301-20023-0	徐云杰	34	2012.2
19	AutoCAD 工程制图	978-7-5038-4446-9	杨巧绒，张克义	20	2011.4
20	工程制图	978-7-5038-4442-6	戴立玲，杨世平	27	2012.2
21	工程制图	978-7-301-19428-7	孙晓娟，徐丽娟	30	2012.5
22	工程制图习题集	978-7-5038-4443-4	杨世平，戴立玲	20	2008.1
23	机械制图(机类)	978-7-301-12171-9	张绍群，孙晓娟	32	2009.1
24	机械制图习题集(机类)	978-7-301-12172-6	张绍群，王慧敏	29	2007.8
25	机械制图(第 2 版)	978-7-301-19332-7	孙晓娟，王慧敏	38	2011.8
26	机械制图习题集(第 2 版)	978-7-301-19370-7	孙晓娟，王慧敏	22	2011.8
27	机械制图与 AutoCAD 基础教程	978-7-301-13122-0	张爱梅	35	2011.7
28	机械制图与 AutoCAD 基础教程习题集	978-7-301-13120-6	鲁 杰，张爱梅	22	2010.9
29	AutoCAD 2008 工程绘图	978-7-301-14478-7	赵润平，宗荣珍	35	2009.1
30	工程制图案例教程	978-7-301-15369-7	宗荣珍	28	2009.6
31	工程制图案例教程习题集	978-7-301-15285-0	宗荣珍	24	2009.6
32	理论力学	978-7-301-12170-2	盛冬发，闫小青	29	2012.5
33	材料力学	978-7-301-14462-6	陈忠安，王 静	30	2011.1
34	工程力学(上册)	978-7-301-11487-2	毕勤胜，李纪刚	29	2008.6
35	工程力学(下册)	978-7-301-11565-7	毕勤胜，李纪刚	28	2008.6
36	液压传动	978-7-5038-4441-8	王守城，容一鸣	27	2009.4
37	液压与气压传动	978-7-301-13129-4	王守城，容一鸣	32	2012.1
38	液压与液力传动	978-7-301-17579-8	周长城等	34	2010.8

39	液压传动与控制实用技术	978-7-301-15647-6	刘　忠	36	2009.8
40	金工实习(第2版)	978-7-301-16558-4	郭永环，姜银方	30	2012.5
41	机械制造基础实习教程	978-7-301-15848-7	邱　兵，杨明金	34	2010.2
42	公差与测量技术	978-7-301-15455-7	孔晓玲	25	2011.8
43	互换性与测量技术基础(第2版)	978-7-301-17567-5	王长春	28	2010.8
44	机械制造技术基础	978-7-301-14474-9	张　鹏，孙有亮	28	2011.6
45	先进制造技术基础	978-7-301-15499-1	冯宪章	30	2011.11
46	机械精度设计与测量技术	978-7-301-13580-8	于　峰	25	2008.8
47	机械制造工艺学	978-7-301-13758-1	郭艳玲，李彦蓉	30	2008.8
48	机械制造工艺学	978-7-301-17403-6	陈红霞	38	2010.7
49	机械制造工艺学	978-7-301-19903-9	周哲波，姜志明	49	2012.1
50	机械制造基础(上)——工程材料及热加工工艺基础(第2版)	978-7-301-18474-5	侯书林，朱　海	40	2011.1
51	机械制造基础(下)——机械加工工艺基础(第2版)	978-7-301-18638-1	侯书林，朱　海	32	2012.5
52	金属材料及工艺	978-7-301-19522-2	于文强	44	2011.9
53	工程材料及其成形技术基础	978-7-301-13916-5	申荣华，丁　旭	45	2010.7
54	工程材料及其成形技术基础学习指导与习题详解	978-7-301-14972-0	申荣华	20	2009.3
55	机械工程材料及成形基础	978-7-301-15433-5	侯俊英，王兴源	30	2012.5
56	机械工程材料	978-7-5038-4452-3	戈晓岚，洪　琢	29	2011.6
57	机械工程材料	978-7-301-18522-3	张铁军	36	2012.5
58	工程材料与机械制造基础	978-7-301-15899-9	苏子林	32	2009.9
59	控制工程基础	978-7-301-12169-6	杨振中，韩致信	29	2007.8
60	机械工程控制基础	978-7-301-12354-6	韩致信	25	2008.1
61	机电工程专业英语(第2版)	978-7-301-16518-8	朱　林	24	2012.5
62	机床电气控制技术	978-7-5038-4433-7	张万奎	26	2007.9
63	机床数控技术(第2版)	978-7-301-16519-5	杜国臣，王士军	35	2011.6
64	数控机床与编程	978-7-301-15900-2	张洪江，侯书林	25	2011.8
65	数控加工技术	978-7-5038-4450-7	王　彪，张　兰	29	2011.7
66	数控加工与编程技术	978-7-301-18475-2	李体仁	34	2012.5
67	数控编程与加工实习教程	978-7-301-17387-9	张春雨，于　雷	37	2011.9
68	数控加工技术及实训	978-7-301-19508-6	姜永成，夏广岚	33	2011.9
69	现代数控机床调试及维护	978-7-301-18033-4	邓三鹏等	32	2010.11
70	金属切削原理与刀具	978-7-5038-4447-7	陈锡渠，彭晓南	29	2012.5
71	金属切削机床	978-7-301-13180-0	夏广岚，冯　凭	32	2008.5
72	精密与特种加工技术	978-7-301-12167-2	袁根福，祝锡晶	29	2011.12
73	逆向建模技术与产品创新设计	978-7-301-15670-4	张学昌	28	2009.9
74	CAD/CAM 技术基础	978-7-301-17742-6	刘　军	28	2012.5
75	CAD/CAM 技术案例教程	978-7-301-17732-7	汤修映	42	2010.9
76	Pro/ENGINEER Wildfire 2.0 实用教程	978-7-5038-4437-X	黄卫东，任国栋	32	2007.7
77	Pro/ENGINEER Wildfire 3.0 实例教程	978-7-301-12359-1	张选民	45	2008.2
78	Pro/ENGINEER Wildfire 3.0 曲面设计实例教程	978-7-301-13182-4	张选民	45	2008.2
79	Pro/ENGINEER Wildfire 5.0 实用教程	978-7-301-16841-7	黄卫东，郝用兴	43	2011.10
80	Pro/ENGINEER Wildfire 5.0 实例教程	978-7-301-20133-6	张选民，徐超辉	52	2012.2
81	SolidWorks 三维建模及实例教程	978-7-301-15149-5	上官林建	30	2009.5
82	UG NX6.0 计算机辅助设计与制造实用教程	978-7-301-14449-7	张黎骅，吕小荣	26	2011.11
83	Cimatron E9.0 产品设计与数控自动编程技术	978-7-301-17802-7	孙树峰	36	2010.9

84	Mastercam 数控加工案例教程	978-7-301-19315-0	刘 文，姜永梅	45	2011.8
85	应用创造学	978-7-301-17533-0	王成军，沈豫浙	26	2012.5
86	机电产品学	978-7-301-15579-0	张亮峰等	24	2009.8
87	品质工程学基础	978-7-301-16745-8	丁 燕	30	2011.5
88	设计心理学	978-7-301-11567-1	张成忠	48	2011.6
89	计算机辅助设计与制造	978-7-5038-4439-6	仲梁维，张国全	29	2007.9
90	产品造型计算机辅助设计	978-7-5038-4474-4	张慧姝，刘永翔	27	2006.8
91	产品设计原理	978-7-301-12355-3	刘美华	30	2008.2
92	产品设计表现技法	978-7-301-15434-2	张慧姝	42	2012.5
93	产品创意设计	978-7-301-17977-2	虞世鸣	38	2012.5
94	工业产品造型设计	978-7-301-18313-7	袁涛	39	2011.1
95	化工工艺学	978-7-301-15283-6	邓建强	42	2009.6
96	过程装备机械基础	978-7-301-15651-3	于新奇	38	2009.8
97	过程装备测试技术	978-7-301-17290-2	王毅	45	2010.6
98	过程控制装置及系统设计	978-7-301-17635-1	张早校	30	2010.8
99	质量管理与工程	978-7-301-15643-8	陈宝江	34	2009.8
100	质量管理统计技术	978-7-301-16465-5	周友苏，杨 飒	30	2010.1
101	人因工程	978-7-301-19291-7	马如宏	39	2011.8
102	工程系统概论——系统论在工程技术中的应用	978-7-301-17142-4	黄志坚	32	2010.6
103	测试技术基础(第2版)	978-7-301-16530-0	江征风	30	2010.1
104	测试技术实验教程	978-7-301-13489-4	封士彩	22	2008.8
105	测试技术学习指导与习题详解	978-7-301-14457-2	封士彩	34	2009.3
106	可编程控制器原理与应用(第2版)	978-7-301-16922-3	赵 燕，周新建	33	2010.3
107	工程光学	978-7-301-15629-2	王红敏	28	2012.5
108	精密机械设计	978-7-301-16947-6	田 明，冯进良等	38	2011.9
109	传感器原理及应用	978-7-301-16503-4	赵 燕	35	2010.2
110	测控技术与仪器专业导论	978-7-301-17200-1	陈毅静	29	2012.5
111	现代测试技术	978-7-301-19316-7	陈科山，王燕	43	2011.8
112	风力发电原理	978-7-301-19631-1	吴双群，赵丹平	33	2011.10
113	风力机空气动力学	978-7-301-19555-0	吴双群	32	2011.10
114	风力机设计理论及方法	978-7-301-20006-3	赵丹平	32	2012.1